北京的
生态宝藏

BEIJING DE
SHENGTAI
BAOZANG

张渊媛 杨 峥 钟震宇 陈 颀/编著

中国环境出版集团·北京

图书在版编目（CIP）数据

北京的生态宝藏 / 张渊媛等编著. -- 北京 ： 中国
环境出版集团，2024.8（2024.9重印）
ISBN 978-7-5111-5850-5

Ⅰ．①北… Ⅱ．①张… Ⅲ．①生态环境保护－北京
Ⅳ．①X321.21

中国国家版本馆CIP数据核字（2024）第088082号

责任编辑　曹　玮　王　洋
装帧设计　宋　瑞

出版发行　中国环境出版集团
　　　　　（100062　北京市东城区广渠门内大街16号）
　　　　　网　　址：http://www.cesp.com.cn
　　　　　电子邮箱：bjgl@cesp.com.cn
　　　　　联系电话：010-67112765（编辑管理部）
　　　　　发行热线：010-67125803，010-67113405（传真）
　　　　　印装质量热线：010-67113404
印　　刷　北京中科印刷有限公司
经　　销　各地新华书店
版　　次　2024年8月第1版
印　　次　2024年9月第2次印刷
开　　本　880×1230　1/32
印　　张　6.75
字　　数　160千字
定　　价　90.00元

中国环境出版集团郑重承诺：
中国环境出版集团合作的印刷单位、材料单位均具有中国环境标志产品认证。

编委会

编　著：张渊媛　杨　峥　钟震宇　陈　颀

编　委：（按姓氏拼音排序）

白加德　陈　颀　陈　星　程志斌　单云芳

段建彬　郭青云　洪　寓　侯朝炜　胡冀宁

靳　旭　李俊芳　李夷平　刘　佩　刘　田

吕志强　孟庆辉　牛　刚　宋　苑　苏文龙

唐　怡　熊　伟　杨　峥　张晴晴　张庆勋

张树苗　张宇晨　张渊媛　赵晓君　钟震宇

朱佳伟

摄影作者：John Mackinnon　钟震宇　Terry Townshend

序

北京是中华人民共和国的首都，地理位置独特，既受来自东南海洋湿润气流的影响，又受来自北部高原冷空气的影响，从而形成了独特的气候和丰富的生物多样性。

北京市拥有森林、灌丛、草地、湿地、农田、河流、湖泊等多种生态系统类型。全市分布有野生维管植物 2 088 种，其中包括百花山葡萄和北京水毛茛等国家重点保护野生植物 15 种；还分布有陆生野生脊椎动物 596 种，其中包括褐马鸡和黑鹳等国家一级保护动物 30 种；尤其是记录到鸟类 503 种，是世界上鸟类最丰富的首都城市之一。北京的农业和文化历史悠久，在长期的农业实践中选育和培育出丰富多彩的农作物、畜禽、花卉、经济林木等，包括平谷大桃、昌平草莓、房山磨盘柿、燕山板栗、京白梨、大兴西瓜、京西稻等著名品种资源和地理标志产品，形成了丰富的遗传多样性。习近平总书记指出，良好生态环境是最普惠的民生福祉。北京市丰富的自然景观和生物多样性为市民提供了多样的生态价值和文化服务，也是地区经济发展和生态建设的重要资源。

北京市十分重视生态文明建设和生物多样性保护工作。为贯彻习近平生态文明思想，北京市多部门联合发布了《北京市"美丽中国，我是行动者"提升公民生态文明意识行动计划（2021—2025 年）实施方案》，方案提出：加强生态文明教育，夯实美丽北京建设基础；加强生态文明建设社会动员，广泛传播生态价值理念。北京市第十三次党代会报告还提出，要将北京建设成生物多样性之都。因此，北京的生物多样性对于促进北京市生态文明建设具有重要意义。

《北京的生态宝藏》内容丰富，图文并茂，从自然保护地、河流水系、动植物、生物遗传资源、城市园林与自然科普场馆等多个角度，系统地介绍了北京的各类生态宝藏。编辑出版《北京的生态宝藏》，可帮助公众充分认识和深入了解身边的生物多样性，有助于汇聚生态保护的社会力量，也是开展习近平生态文明思想大众化传播、全面推进美丽中国建设的重要举措。

　　期待《北京的生态宝藏》早日出版，期待更多的科普著作问世，将专家智慧和知识贡献于我国生物多样性保护和生态文明大众化传播事业。

中国科学院院士　康　乐

2024 年 2 月 18 日

前　言

　　习近平总书记在青海湖考察期间提出，生态是宝藏，是资源，也是财富。北京不仅是有着 3 000 多年历史的世界名城，也是世界上生物多样性最丰富的大都市之一。北京地区丰富多彩的生物多样性为北京的可持续发展提供了自然物质基础，为城市提供了重要的生态基底和生态屏障，可谓国家和北京市民的生态宝藏。

　　北京地处太行山、燕山向华北平原的过渡地带，太行山、燕山在此交会，两山围合出西、北环山，东、南向沟的半封闭地形，俗称"北京湾"。北京地区地形地貌复杂，有森林、灌丛、草丛、草甸、湿地等生态系统类型，生境类型多样，还拥有永定河、潮白河、北运河、蓟运河和大清河五大水系，在京津冀生态格局中具有举足轻重的地位。

　　北京记录有高等植物至少 3 292 种，包括野生植物和栽培植物。这些植物作为各类生态系统的主体，具有涵养水源、释放氧气、净化空气、优化人居环境、保障生态安全的作用。北京的古树名木众多，为全国各大城市之首，也是世界各首都之最，其中树龄在百年以上的有 41 816 株，300 年以上的有 3 804 株，特别珍贵稀有、具重要历史价值、有丰富文化内涵和纪念意义的有 2 400 株。北京市郊农村地区的大量栽培植物，为首都市民和国内外市场提供了丰富的粮食、蔬菜、水果、花卉和药材。

　　此外，北京地处"东亚—澳大利西亚"候鸟迁徙区，使之成为世界上鸟类物种最丰富的首都之一。目前北京有确切记录的鸟类种数占全国鸟类种数的比例超过 1/3，在我国北方城市中独一无二。

编写和出版本书是为进一步深化习近平生态文明思想在首都北京的大众化传播，宣传北京生态文明建设的成就，使公众深入认识北京的生态宝藏资源，助力提升公众的生态保护意识。本书由7章组成，分别介绍了北京的生态概况、北京的自然保护地、北京的河流水系、北京的动物、北京的植物、北京的生物遗传资源、北京的城市园林与自然科普场馆。

本书主要由张渊媛、杨峥、钟震宇和陈颀编著。在编写过程中，得到北京经济技术开发区宣传文化部的支持。野生动物保护专家John MacKinnon、Terry Townshend、北京植物园李飞飞副研究员、中国科学院动物研究所赵亚辉老师和中国科学院植物研究所百花山森林定位站王杨老师等提供了重要支持；野鸭湖国家湿地公园许林老师和松山国家级自然保护区吴记贵老师为本书提供了部分高质量的插图；中央民族大学的原雪姣博士、胡璐祎同学、刘坤容同学在文献收集与整理方面做了大量工作。在此一并致谢。

本书可供从事生态保护工作的从业者参考，也可供关注生态保护的管理人员、在校师生、社会公众以及媒体记者等阅读。

因水平有限，书中难免有错误和不妥之处，敬请读者批评指正。

作　者

北京麋鹿生态实验中心

北京南海子麋鹿苑博物馆

北京生物多样性保护研究中心

2023 年 12 月

目　录

第 3 章

北京的河流水系

第 4 章

北京的动物

第 7 章　　　　　　　　　　　　　　　　　　　　　**147**
北京的城市园林与自然科普场馆

北京的生态概况　BEIJING

第1章

1.1 北京的自然概况

北京地处华北大平原的北部，位于北纬 39°26′ ～ 41°03′，东经 115°25′ ～ 117°30′。南北长约 176 km，东西宽约 160 km，全市面积为 16 410 km²，其中平原面积 6 338 km²，占全市总面积的 38.6%，山区面积 10 072 km²，占全市总面积的 61.4%[1]。

北京的气候为典型的暖温带半湿润大陆性季风气候，夏季炎热多雨，冬季寒冷干燥，春、秋季短促。年平均气温 10 ～ 12℃，极端最低气温 -27.4℃，极端最高气温 41℃ 以上。全年无霜期 180 ～ 200 d，西部山区较短。年平均降水量约 600 mm，为华北地区降水量最多的省份之一。降水季节分配很不均匀，全年 75% 的降水集中在夏季，7 月、8 月常有暴雨。

北京地处太行山、燕山向华北平原的过渡地带，太行山、燕山在此交会，两山围合出西、北环山，东、南向海的半包围地形，称"北京湾"。海拔高差超过 2 000 m，地形地貌复杂，分布有中山、低山、丘陵、台地和平原等多种地貌类型，以及永定河、潮白河、北运河、蓟运河和大清河五大水系，有森林、灌丛、草丛、草甸、湿地等生态系统类型，生境类型多样，在京津冀生态格局中具有举足轻重的地位，是世界上生物多样性最丰富的大都市之一。北京重要的生态空间主要分布在"两山两河"（两山：燕山、太行山；两河：永定河流域、潮白河流域），这里是国务院批复的北京市生态保护红线划定区域，孕育了丰富独特的生物多样性，提供了北京城历史发源的自然物质基础，为城市提供了重要的生态基底和生态屏障。

此外，由于地处"东亚—澳大利西亚"候鸟迁徙区，北京是世界上鸟类最丰富的首都之一。目前北京有确切记录的鸟类占全国鸟类物种数的比例超过 1/3，在我国北方城市中独一无二。

燕山山脉

太行山的夏季

1.2　北京的生物多样性

为摸清北京市生物多样性本底情况，北京市于 2020 年开始持续开展生物多样性本底调查工作。2022 年，北京市生物多样性阶段性调查实地记录 69 种自然和半自然植被群系，包括森林、灌丛、草地、沼泽与水生植被等类型，2020—2022 年累计记录 108 种植被类型。2022 年，阶段性调查实地记录各类物种 3 560 种，2020—2022 年累计记录 6 408 种[1]。

在物种层面上，虽然北京市域面积约占全国陆域国土面积的 0.17%，但植物种类数量却约占全国总数的 8%[2]。目前，北京有确切记录的鸟类数量占全国鸟类物种总数的比例超过 1/3，这些都是北京生物多样性丰富的印证。

从生态系统多样性的角度看，受温带大陆性季风气候的影响，北京地带性植被属暖温带落叶阔叶林，并表现出随海拔高度变化呈垂直分布的特征。北京生态系统多样性丰富，包括森林生态系统、灌丛生态系统、草甸生态系统、湿地生态系统、农田生态系统以及城市绿地生态系统等多种生态系统类型。如此多姿的生态系统类型，为北京生物多样性保护和社会经济可持续发展提供了自然资源基础和生态安全保障。

---

1 北京生物多样性调查三年累计记录物种 6 408 种 . 中华人民共和国生态环境部 (mee.gov.cn)。

2 北京市园林绿化局 http://yllhj.beijing.gov.cn/zwgk/gsgg/201612/t20161212_530888. shtml。

北京的自然保护地

BEIJING

第2章

截至 2021 年年底，北京共建成 79 处自然保护地，基本形成布局科学、结构合理的自然保护地体系，使全市 90% 以上的重点野生动植物及其栖息地得到有效保护，为首都生态安全发挥了重要屏障作用。这 79 处自然保护地包括自然保护区、风景名胜区、森林公园、湿地公园和地质公园等类型，总面积 36.8 万 hm²，约占北京市域面积的 22%，各类自然保护地涵盖了北京市最精华的自然生态系统和最丰富的野生动植物资源[1]。

这些自然保护地以其独特的自然资源条件，为游客提供了生态旅游活动的重要场所，能够让公众更好地从生态系统多样性、物种多样性和基因多样性三个层次了解生物多样性，使公众更多关注珍稀濒危野生动植物及其栖息地等宝藏资源，深受公众喜爱。

2.1 北京的自然保护区

2.1.1 百花山国家级自然保护区

百花山国家级自然保护区（以下简称"百花山自然保护区"）位于北京市门头沟区，距市区约 100 km，总面积达 21 700 hm²，是北京市面积最大的国家级自然保护区，主要保护对象是暖温带华北石质山地次生落叶阔叶林生态系统和珍稀保护动物及其种群。作为北京市的生态屏障，其森林生态系统对维持首都自然生态系统功能具有特殊意义[2]。

百花山自然保护区动植物资源丰富、景色优美，是生态专题游、生态观光游、科学考察、实习探险、避暑度假的理想场所。百花山植被繁茂、山花烂漫、鸟语虫鸣、云海飘涌、飞瀑流泉，自然景观十分秀美，是一座天地造化的巨大"艺术盆景"[3]。

---

1 北京建成 79 处自然保护地保护野生动植物及其栖息地. 中国政府网 (www.gov.cn)。

百花山国家级自然保护区景观

百花山自然保护区野生植物资源丰富，素有华北"天然植物园"之称，尤其是野生花卉种类众多，且多数具有较高的观赏价值，其中许多种类可用作园林植物[4]，如舞鹤草、小黄花菜、铃兰、金露梅、地榆、柳兰、红旱莲、狼尾花、轮叶婆婆纳等[5]。

百花山葡萄（王杨／摄）

古籍载："花多目所未睹，红黄紫翠不可名状"，又如"无名草花，遍山取妍，三时不绝，故为百花山"，表明百花山具有得天

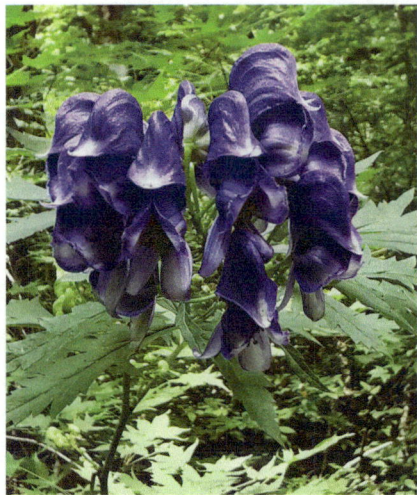

药用植物北乌头（王杨／摄）

独厚的野生观赏植物资源，是开发北京地方花卉产业的潜在资源基础，对于培育观赏价值高、抗性强的地方花卉新品种具有重要意义[6]。

百花山自然保护区已记录陆栖野生脊椎动物 20 目 47 科 169 种，其中，兽类 6 目 13 科 25 种，鸟类 11 目 27 科 131 种，爬行类 2 目 3 科 7 种，两栖类 1 目 4 科 6 种。此外，已查明的昆虫类物种为 10 目 73 科 1 000 余种[7]。

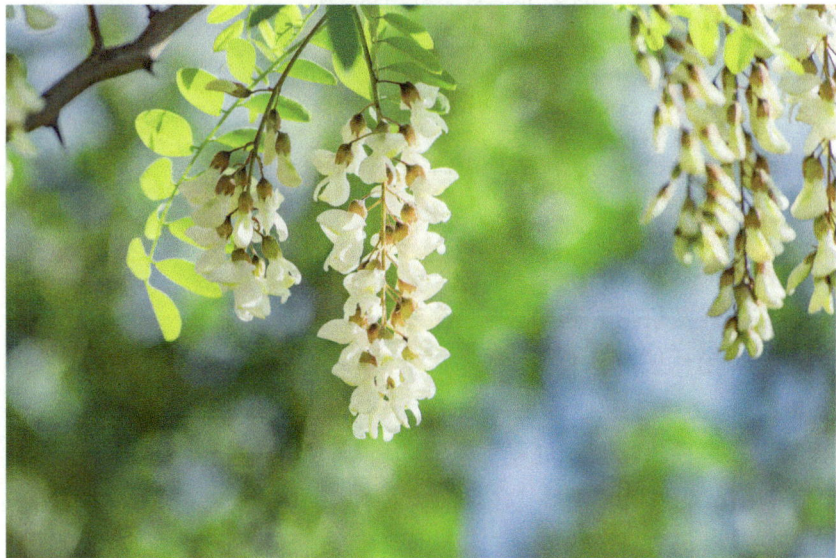

刺槐树上盛开的槐花

2.1.2　松山国家级自然保护区

松山国家级自然保护区（以下简称松山自然保护区）位于北京市西北部的延庆区，始建于 1985 年，1986 年晋升为国家级自然保护区。全区面积 4 671 hm²，主要保护天然油松林和落叶阔叶次生林生态系统，这是华北地区自然生态环境保存比较完好的具有代表性的暖温带山地生态系统 [8]。

松山国家级自然保护区景观（吴记贵／摄）

北京水毛茛（水质指示植物）（吴记贵／摄）

北京水毛茛群落及其生境

松山自然保护区野生植物资源非常丰富，有维管植物109科413属783种及变种，其科数占北京全市总科数的76%，属数占64%，种及种下等级占50%以上[9]。其中，蕨类植物14科18属26种，裸子植物3科5属6种，被子植物92科390属751种。此外，还记录有55种大型真菌[10]。

松山自然保护区分布有丰富的药用植物资源，以根和茎类入药的有144种，全草入药的有118种，果实及种子入药的有57种，茎叶入药的有53种，地上部分入药的有22种，皮部入药的有19种。主要集中在菊科、豆科、唇形科、毛茛科、蔷薇科、大戟科、蓼科和百合科等。这些药用植物都有一定的资源蕴藏量，对于开发挖掘对人类健康有益的新药源具有现实和潜在价值[11]。

松山自然保护区山峦起伏、森林茂密、沟壑幽深，区内溪流交错，为野生动物提供了优越的栖息环境，是许多野生动物的乐园[12]。据调查，松山保护区分布有脊椎动物68科217种，其中，兽类15科30种，鸟类44科158种，爬行类5科15种，两栖类2科2种，鱼类2科12种[13]。此外，还记录有昆虫16目98科540种[14]。

松山自然保护区环境优美，是民众出游的宝藏选择。目前保护区周边地区旅游景点密集，形成了较大规模的群众性旅游产业。保护区丰富的自然资源还吸引了国内外很多科研工作者和高校师生来此开展科学研究和教学实习，使松山自然保护区成为开展自然类科研教学的宝藏之地。

大花杓兰

松山自然保护区生境

2.2 北京的森林公园

2.2.1 八达岭国家森林公园

八达岭国家森林公园位于北京市延庆区，距市区 60 km，地处万里长城居庸关和八达岭之间，是八达岭长城风景区的核心区域，总面积 2 940 hm²，平均海拔 750 m，最高海拔 1 238 m。

八达岭国家森林公园及长城景观

八达岭国家森林公园清静幽雅，峰峦秀丽，奇峰层岩，万木葱翠，素有"长城脚下的绿色明珠"之美誉。作为华北地区暖温带落叶阔叶林及山地垂直带的代表类型，八达岭国家森林公园从山下到山顶，分布有针叶林、落叶林和灌丛，是北京地区森林垂直谱系分布比较完整和典型的地区之一 [15]。公园的植被覆盖率达

96%，分布有高等植物 539 种，脊椎动物 158 种，为中国首家通过 FSC 国际认证的生态公益林区。每年 6 月中旬，公园内丁香怒放，被誉为"北京最香的山谷"[16]。

八达岭国家森林公园积极参与生态文明建设与宣传，连续多年举办"红叶生态文化节"[1]，是体验森林康养、陶冶情操、尽享秋韵低碳慢生活的好地方，民众可登长城、赏红叶、看影展。[2]

八达岭森林公园的红叶景观

2.2.2　西山国家森林公园

西山国家森林公园位于北京西郊小西山，属太行山余脉，是距北京市城区最近的一座国家级森林公园，也是北京西部生态带和西山永定河文化带的重要载体。园区总面积 5 970 hm²，主要开放景区为昌华景区，面积为 680.4 hm²，园内森林自然资源丰富，森林覆盖率达 93.32%[17]。

---

1 八达岭国家森林公园第五届生态文化节开幕．https://www.tour-beijing.com/include/shownews.php?news_id=5500。

2 北京八达岭国家森林公园"第十五届红叶生态文化节"即将开幕．http://www.beijing.gov.cn/renwen/sy/whkb/202110/t20211009_2508784.html。

西山国家森林公园景观

目前，该森林公园结合山势建设了牡丹园、紫薇园、玉兰园、梅园、花溪等多处特色植物景区和山水文化景观。公园还开辟了多处森林健康休闲区，茂盛的森林和湿润洁净的空气为游人提供了丰富的负氧离子，形成天然的森林氧吧。

公园内历史古迹亦分布广泛，有蜿蜒数千米的进香古道，清朝健锐营操练的碉楼，顺治帝御笔碑刻的北法海寺，以及福慧寺、地藏殿、邀月洞、方昭、圆昭、念佛桥等历史遗迹，构成了独特的西山人文历史景观。

公园以自然风景资源为依托，以森林文化、植物文化、山水文化、生态文化为纽带，自 2011 年 9 月开园以来，一直是民众登山健身、娱乐休闲、修身养性的重要场所。[1]

1 北京市园林绿化局 http://yllhj.beijing.gov.cn/。

2.2.3　小龙门国家森林公园

小龙门国家森林公园位于北京市门头沟区小龙门西部，地处北京市最高峰东灵山与河北省西灵山之间，距北京市区 120 km。小龙门国家森林公园位于五台山余脉，属太行山脉。海拔高度大多高于 1 000 m，最高峰为 2 303 m。地貌以山地侵蚀结构类型为主，山势陡峭，河流下切严重。据中国科学院北京森林生态系统定位研究站观测，公园年平均气温 5 ～ 11℃，最冷的 1 月平均气温 –11 ～ –1℃，年降水量 500 ～ 650 mm[18]。

小龙门国家森林公园分布有脊椎动物 700 余种，其中哺乳动物 40 余种，鸟类 150 余种；高等植物达 844 种，是北京各大院校及中、小学生物和生态类课程实践的理想基地。公园内诸多景观令人流连忘返、心旷神怡。从春到秋，彩蝶飞舞，山花璀璨，繁花似锦，硕果累累。盛夏至此，仿佛进入了天然空调，是公众郊野游玩的宝藏场所。

小龙门国家森林公园景观

2.2.4　上方山国家森林公园

上方山国家森林公园位于北京市房山区韩村河镇，距市区 60 km。这里拥有 5 300 亩[1] 原始次生林。山花烂漫的春色、苍翠欲滴的夏日、红叶满山的秋色、雪被松柏的冬景，构成了变化无穷的森林奇观。

上方山国家森林公园是一处集生态资源、佛教文化、岩溶地貌于一体的京郊著名旅游胜地。自东魏孝静帝天平二年（公元 535 年）就有僧人来上方山开山建寺，以兜率寺为中心的七十二禅院以及华北地区最大的古塔群，展示了上方山 1 400 多年的佛教文化历史。华北地区开放最早的"云水洞"、华北地区首次发现的"天坑"、九洞以及十二峰构成了上方山独具特色的喀斯特地貌。

上方山国家森林公园每年 10 月举办金秋赏红叶活动。深秋季节的上方山，秋山明净面如妆，山谷中的枫树、橡树、黄栌等树种争奇斗艳，娇艳夺目。曾有诗人描绘上方山为"一林秋叶染天工，夹绿编黄染面红，唯柏不随霜露改，依然翠滴冷霜风"。[2]

上方山国家森林公园景观

---

1 1 亩 ≈ 666.67 m^2。

2 北京市园林绿化局 http://yllhj.beijing.gov.cn/。

上方山国家森林公园景观——云梯（郝志明／摄）

2.2.5　其他森林公园

除上述外，北京的国家级森林公园还有北宫国家森林公园、大兴古桑国家森林公园、大杨山国家森林公园、黄松峪国家森林公园、鹫峰国家森林公园、喇叭沟门国家森林公园、崎峰山国家森林公园、天门山国家森林公园、霞云岭国家森林公园、云蒙山国家森林公园、十三陵国家森林公园等。

北京市级森林公园包括银河谷市级森林公园、莲花山市级森林公园、丫髻山市级森林公园、五座楼市级森林公园、马栏市级森林公园、龙山市级森林公园、龙门店市级森林公园、静之湖市级森林公园、古北口市级森林公园、共青滨河市级森林公园、白虎涧市级森林公园、双龙峡东山市级森林公园、南石洋大峡谷市级森林公园、二帝山市级森林公园、西峰寺市级森林公园和妙峰山市级森林公园等。

2.3　北京的风景名胜区

北京的风景名胜区多位于山区，除供人们游憩娱乐外，风景名胜区内广阔的自然和半自然景观还为北京地区提供了重要的生态系统服务，对城市可持续发展和宜居城市建设起到了基础支撑作用，具有生态、社会、人文等功能 [19]。

2.3.1　八达岭—十三陵风景名胜区

八达岭—十三陵风景名胜区是 1982 年 11 月经国务院批准的第一批国家重点风景名胜区之一，位于北京市西北部，地跨昌平和延庆两区，著名的八达岭长城和十三陵等古迹就坐落在这里。

　　八达岭长城是北京地区保存最完好、最具代表性的长城遗址，1987 年被评为世界文化遗产。作为我国最早公开向游人开放的景区，八达岭长城在文物保护、旅游、外交、环境建设等各个领域不断拓展文化内涵，见证了新中国旅游事业的发展。十三陵是世界上保存较为完整和埋葬皇帝最多的墓葬群[20]。

　　八达岭和十三陵不仅是中华民族的珍贵文化财富，也是世界文化遗产，受到世界人民的关注和敬仰。2003 年，明十三陵被评为世界文化遗产，其深厚的历史文化底蕴吸引来自海内外的大量游客[21]。八达岭—十三陵风景名胜区不仅人文资源具有世界性的知名度，而且景区内山清水秀，自然旅游资源类型多样，自然条件十分优越，也是北京不可多得的生态宝藏。

八达岭长城

十三陵

2.3.2　房山石花洞风景名胜区

大约在 4 亿年前，北京地区还是一片汪洋大海，海底沉淀了大量的碳酸盐类物质。由于地壳运动，几经沧桑变迁，海底上升为陆地。大约在 7 000 万年前，华北发生了造山运动，北京西山就此形成。而后，碳酸盐逐渐被溶蚀成许多岩溶洞穴，石花洞就是其中之一 [22]。

石花洞景区入口处

石花洞岩溶洞穴资源以独特的自然性、完整性和稀有性享誉国内外。丰富的地质资源，显示了石花洞在地质科学研究、地质科普教育和旅游观赏中的价值。石花洞中洞穴沉积物记录了地球的演化历程和沉积环境的变化，是一处研究古地质环境变化的重要信息库。石花洞洞体为多层多支的层楼式结构，洞内洞体分为上下七层，一层至六层为溶洞景观，七层为地下暗河。

别有洞天的石花洞

石花洞溶洞资源具有洞层多、石盾多、盾体大、钟乳石叠置关系明显、石笋微理层发育好、洞穴次生化学沉淀形态全和景观集中等特征。国际地质科学联合会国际行星地球年项目负责人汉克·沙克尔考察后评价道："参观中国第一地质公园石花洞其乐无穷，石花洞是人们进行地学教育的良好范例。"原国务委员、国家科委主任宋健院士视察后，欣然题词："地下地质奇观，溶洞博物馆"。

2.3.3　其他风景名胜区

另外，北京还有慕田峪长城市级风景名胜区、十渡市级风景名胜区、东灵山—百花山市级风景名胜区、潭柘—戒台寺市级风景名胜区、龙庆峡—松山—古崖居市级风景名胜区、金海湖—大峡谷—大溶洞风景名胜区、云蒙山市级风景名胜区、云居寺市级风景名胜区、承德避暑山庄外八庙国家级风景名胜区（古北口司马台长城景区）等风景名胜区。

十渡风景名胜区

2.4 北京的湿地公园

依据《中华人民共和国湿地保护法》定义标准，北京湿地面积已达 6.09 万 hm^2。其中，灌丛沼泽、内陆滩涂、森林沼泽、沼泽草地和沼泽地的面积达 0.31 万 hm^2，河流水面、湖泊水面、水库水面、坑塘水面和沟渠的面积达 5.79 万 hm^2。全市建立了完善的湿地分级体系，为北京近 50% 的植物种类、76% 的野生动物种类提供了生长栖息环境 [1]。

2.4.1 野鸭湖国家湿地公园

野鸭湖湿地自然保护区于 1997 年批准建立，2000 年升级为野鸭湖市级自然保护区，2006 年经北京市人民政府和国家林业局批准成为野鸭湖国家湿地公园（试点）[23]。国家林业和草原局于 2022 年 10 月 28 日指定北京野鸭湖等 18 处湿地列入《国际重要湿地名录》。

野鸭湖湿地是北京市最大的自然湿地，总面积 6 873 hm^2。野鸭湖是北京地区重要的鸟类栖息地，也是华北地区最大的鸟类迁徙中转栖息地，还是国际鸟类迁徙路线东亚—澳大利西亚路线的中转驿站。每年的迁徙季节，有众多的鸟类在此停歇，其中雁、鸭的种类和数量最多，野鸭湖由此得名。野鸭湖不仅鸟类众多，植物的种类也很丰富，共记录高等植物 98 科 299 属 501 种 [24]。

野鸭湖国家湿地公园的野大豆

---

1 北京市园林绿化局. 引用日期：2024 年 2 月 2 日.

　　野鸭湖是一座天然的"物种基因库"，是进行湿地研究和湿地教学的天然实验室和课堂。野鸭湖积极开展科普教育活动，搭建起良好的生态教育平台。野鸭湖国家湿地公园作为北京西北郊的绿色屏障和首都生态文明建设成果的展示窗口，受到社会各界的高度重视、大力支持和精心呵护，已逐渐成为"鸟类天堂，人之学苑"。

野鸭湖国家湿地公园

秋季的野鸭湖国家湿地公园

野鸭湖国家湿地公园集科研教学、科普宣教、游览观光于一体，已经成为人们亲近自然、感受自然、回归自然的理想去处。此外，野鸭湖湿地也是北京市郊的一道"生态屏障"，像一个天然的过滤器，利用自身生态功能有效分解水中的污染物，使流经的水得到净化，确保了北京上游水源的水质，减少了西北地区的沙尘对北京的侵袭[25]。

2.4.2　长沟泉水国家湿地公园

长沟泉水国家湿地公园的湿地水质常年维持在Ⅱ类以上，公园内形成由淡水泉、永久性河流、草本沼泽等组成的多种湿地类型，尤其是这里分布着1万余个泉眼，在华北地区十分罕见[26]。该湿地作为北京地区的"地球之肾"，还具有丰富的生物多样性和特别的生态景观。

2.4.3　翠湖国家城市湿地公园

翠湖国家城市湿地公园位于北京市海淀区上庄镇上庄水库北侧，地处生态海淀"北部绿芯"的核心，占地面积 157.16 hm²，公园东西长1.9 km，南北宽 1.2 km，水域面积 90 hm²[27]。公园内动植物资源丰富，植被以地域性乡土树种为主体，物种以本土湿地植物为特色，形成了

在翠湖公园散步的鸿雁（郭子良／摄）

以陆地乔木、灌木、草丛、挺水植物、浮水植物和沉水植物所组成的生态复合体系[28]。

在翠湖公园游玩的灰雁一家（郭子良／摄）

2.4.4　其他湿地公园

此外，北京还有许多市级湿地公园，如大兴长子营市级湿地公园、大兴杨各庄市级湿地公园、玉渊潭东湖市级湿地公园、汤河口市级湿地公园、马坊小龙河市级湿地公园、琉璃庙市级湿地公园、穆家峪红门川市级湿地公园和雁翅九河市级湿地公园等。这些湿地公园都担负着保护生物多样性和提供生态系统服务的功能。

玉渊潭东湖市级湿地公园景观

2.5 北京的地质公园

根据 2019 年 6 月中共中央办公厅、国务院办公厅印发的《关于建立以国家公园为主体的自然保护地体系的指导意见》，地质遗迹成为重要的保护内容，地质公园被列为自然公园的一种类型，纳入自然保护地体系进行保护与管理。北京市拥有多个地质公园，包括黄松峪国家地质公园、十渡国家地质公园、云蒙山国家地质公园、延庆硅化木国家地质公园、石花洞国家地质公园、圣莲山市级地质公园等。

2.5.1 黄松峪国家地质公园

黄松峪国家地质公园位于北京市平谷区东北部，处于燕山南麓与华北平原北端的相交地带，总面积 3 640 hm^2，2009 年升级为国家地质公园。

黄松峪国家地质公园

该公园以中国北方典型的砾岩峰丛、峰林地貌为主要特色，伴之以距今 15 亿年左右形成的古火山遗迹、中元古界长城系底砾岩与太古界密云群变质岩不整合接触面，以及北京乃至华北地区赋存最古老地层的岩溶洞穴。公园内分布有以"一线天"闻名的湖洞水景区，被联合国教科文组织誉为"北方张家界"的飞龙谷景区和"石

林生南国"的石林峡景区，还有"天下
第一古洞"美誉的京东大溶洞风景区和
市级保护文物黄松峪石砌古长城等。这
些地质遗迹、人文古迹、自然风光和谐
地融合在一起，构成了黄松峪国家地质
公园的主体，成为大自然赐予北京的又
一处宝贵的地学观光游览胜地[29]。

黄松峪国家地质公园

2.5.2　十渡国家地质公园

十渡国家地质公园位于北京市房山区西南部、拒马河中上游，
地跨十渡、张坊两镇，距北京市中心 70 km。公园属低山区，拒
马河古西内东南流经园区。

十渡国家地质公园，因其是华北地区规模最大的岩溶景观发
育区，有雄伟壮观的地表峰林地貌、造型奇特的地下岩溶洞穴以
及各类地质遗迹，具有很高的科学研究价值。

十渡国家地质公园

十渡国家地质公园也具有较高的美学价值。公园以拒马河为中心，两岸峰林峡谷、深谷幽潭、形态奇特的岩溶洞穴和一些奇特的地质遗迹（如孤山寨"一线天"、普渡山庄叠层石等）构成了园区独特的景观，与清甜透彻的水体、曲折旋绕的河谷相互辉映。山、丘、峡多种地貌并存，峰、洞、潭、泉融为一体，具有独特的美景观赏价值。

十渡国家地质公园还具有一定的科普价值，公园被定为全国青少年地质科考夏令营基地，并已作为高校、科研机构的喀斯特地貌实习基地。

2.5.3　云蒙山国家地质公园

云蒙山国家地质公园位于北京东北部，距市区 80 km，面积 238.2 km²，主峰海拔 1 414 m。该公园主要是以美丽壮观的花岗岩地貌、异彩纷呈的流水侵蚀地貌和独特的变质核杂岩构造为特色。云蒙山是一座具有山岳风光特征的京郊名山，是北京地区特有的中山地貌森林旅游区，以"峰、石、潭、瀑、云、林"取胜，以"雄、险、奇、秀、幽、旷"见长。奇峰、异石、潭瀑、烟云、森林、古迹是云蒙山的特点。专家考察后冠以"黄山缩影"的美誉。有诗云："南天黄山通天都，北国云蒙秀芙蓉，黄山四奇甲天下，云蒙四胜甲北京。""云蒙林海"更为黄山所不及 [30]。

2.5.4　延庆硅化木国家地质公园

延庆硅化木国家地质公园位于北京市延庆区东北部的白河两岸，四面环山，距延庆约 30 km，距北京城区约 100 km，总面积约 226 km²。延庆硅化木群具有化石数量多、保存完整等特点，且该木化石群全部产于原生层位，是我国东部交通便利地区成片保存硅化木的唯一产地 [31]。

　　除此之外，该地质公园还具有动植物类化石、地貌景观、构造行迹、矿产遗迹、水文景观、自然生态旅游景观、民族风情和人文景观等。

延庆硅化木国家地质公园

北京的河流水系　BEIJING

第3章

3.1　北京的主要河流

3.1.1　永定河

　　永定河是流经北京市的最大河流，发源于内蒙古高原的南缘和山西高原北部，东邻潮白、北运河水系，西邻黄河流域，南为大清河水系，北为内陆河。永定河流域地跨北京、天津、河北、山西和内蒙古5个省（自治区、直辖市），共涉及51个市、县、区，在河北境内汇流形成永定河，河长747 km，流域面积约4.7万km²，占海河流域总面积的14.7%[32]。永定河是"六河五湖"中的重要河流之一，永定河流域是贯穿京津冀生态功能区的天然走廊[33]。

　　永定河是北京的母亲河，历史俗称无定河，别称小黄河。永定河历来灾患不断，一旦发作，京师不保，津冀泽国。据史料记载，中华人民共和国成立前的800余年间，永定河共决口、漫溢、改道149次。永定河流域河湖、湿地类型丰富，分布有河流5.24万hm²、湖泊0.04万hm²、近海与海岸湿地0.14万hm²、沼泽湿地1.03万hm²、人工湿地1.85万hm²，总面积共计8.30万hm²。根据2020年对永定河流域的调查情况，随着永定河河道治理与生态修复工作的推进，流域的生物多样性得到了一定程度改善[34]。

北京永定河

3.1.2　北运河

　　北运河是华北平原上海河的四大支流之一，起始于北京燕山山麓，是京杭大运河的发源地。北京市通州区北关闸之上为温榆河，北关闸之下为北运河。通惠河、凉水河和凤河等主要河流与北运河汇合，北运河南北向贯通廊坊市香河县和天津市武清区，与永定河交汇后，进入天津市的海河。北运河全长 186 km，流域面积 6 166 km^2，其中山地 952 km^2，约占总流域面积的 16%；平原面积 5 214 km^2，约占总流域面积的 84%[35]。

　　作为京杭大运河的重要组成部分，北运河主要流经城市化水平高且人口、产业密集的北京和天津，是海河流域骨干行洪排涝河道之一[36]。北运河水系是保障北京市农副产品供应的重要基地，是北京市农业系统的重要支柱。随着城市化不断推进，北京市北运河水系开始出现水质污染、生境破坏和生态失衡等环境问题，严重制约了社会经济可持续发展。北运河水系水质在北京市地表水环境质量中较差，大部分河段未达到水体功能要求，污染物主要来自沿途工农业生产和居民生活，具有典型城市河流污染特征[37]。

流经北京通州区的北运河

航拍北运河

3.1.3 潮白河

潮白河是中国海河水系五大河之一，是京津冀地区的重要河流。潮白河流域位于海河流域北部，境内有潮河、白河两大河流[38]。潮河源于河北省丰宁满族自治县，向南流经古北口入密云水库；白河源于河北省沽源县，贯穿河北省、北京市、天津市三省（市）[39]。潮白河流域内有密云水库和怀柔水库，潮河和白河在密云区境内流入密云水库，整个潮白河流域为密云水库的集水区。因此，潮白河冲洪积扇中上游地区是北京市地下水资源最丰富的地区[40]。

潮白河是北京市重要水源之一，在城市供水中占据重要地位。通过京密引水渠流入北京市区，为北京市居民提供饮用水。潮河干渠还是北京市东部的灌溉水源，为市郊农业生产提供灌溉用水。

潮白河

3.1.4　其他河流

　　北京地区的其他河流还包括拒马河和沟河等。拒马河是河北省内唯一一条长年不断流的河流，为北京市五大水系之一[41]。沟河的存在为当地居民带来了极为丰富的物产，使得沿岸居民的生产和生活得到了有效保障，推动了区域经济发展。沟河也是首都东部的重要生态屏障[42]。

流经北京平谷区的沟河

3.2　北京的主要水库

3.2.1　密云水库

　　密云水库位于北京市密云区，地处燕山群山丘陵之中，最大库容量为 43.75 亿 m^3。密云水库有两大入库河流，分别是白河和潮河[43]。

密云水库是华北地区最大的水库和亚洲最大的人工湖，也是北京最重要的地表饮用水水源地。密云水库堪称北京的"大水盆"，具有向城区供水的重要功能，密云水库建成后，在防洪、灌溉、供应城市用水、发电及渔业、旅游等多方面产生了巨大效益[44]。

密云水库有"燕山明珠"之称，围绕水库有一条110 km长的环湖公路，是北京旅游风景区之一。库区夏季平均气温低于城区3℃，是一处避暑胜地。

密云水库

夏天的密云水库

如今的密云水库已成为北京的旅游胜地，青山绿水，其特产的野生密云水库鱼远近闻名，是北京有名的鱼乡。2022 年，交通运输部印发《关于公布 2021 年度"十大最美农村路"等名单的通知》，密云区密云水库南线榜上有名，成为此项评选活动开展三年以来北京市首次入选道路[45]。

3.2.2 怀柔水库

怀柔水库位于北京市怀柔城区以西，建于 1958 年，1990 年主坝加高后，总库容量为 1.44 亿 m³。怀柔水库紧邻怀柔城区，除防御洪水外，还是北京市重要的地表水饮用水水源地之一[46]。

怀柔水库属潮白河支流怀河水系，在怀河上游怀九河与怀沙河交汇处，是南水北调的节点工程。自建成以来，怀柔水库充分发挥了调蓄、防洪、供水的功能，在向城区输供水、向密云水库调水、抵御洪涝灾害、保护水土资源和改善生态环境方面发挥了巨大作用[47]。

怀柔水库

3.2.3　官厅水库

官厅水库位于北京市西北部永定河官厅山峡入口处，水库坝址位于河北省怀来县，据传明代在此设有把水官，监视水情，旧时有官厅村，因此水库以官厅命名。水库水流主要是永定河。永定河含沙量大，下游受到泥沙淤积，河床抬高，常泛滥成灾。为根治永定河，1951 年开始兴修官厅水库，于 1954 年 5 月竣工，是海河水系永定河上历史最久的大型水库，而且是中华人民共和国成立后建设的第一座大型水库[48]。

官厅水库

官厅水库曾经是北京主要供水水源地之一。20 世纪 80 年代后期，随着周边地区社会经济的不断发展，官厅水库受到上游地区农业灌溉退水、畜禽养殖排污造成的面源污染，以及沿河工业与城镇居民生活污水的影响，水质恶化，库区水受到严重污染，90 年代水质继续恶化，1997 年水库被迫退出城市生活饮用水体系 [49]。

2017 年，根据永定河京津冀一体化治理战略，北京市提出了《永定河综合治理与生态修复总体方案》，实施官厅水库八号桥水质净化湿地工程、官厅水库妫水河入库口水质净化湿地工程、官厅水库水生态系统修复工程，落实绿色发展理念，促进生态文明建设，目前官厅水库综合治理与生态修复已取得显著成效 [50]。

北京的动物

第4章

BEIJING

2021 年 10 月 12 日，北京市园林绿化局发布《北京陆生野生动物名录（2021 年）》（以下简称《名录》）。《名录》共收录北京地区分布的陆生野生动物 33 目 106 科 596 种，其中鸟类 503 种、兽类 63 种、两栖爬行类 30 种。《北京陆生野生动物名录——鸟类》于 2021 年 4 月发布，其中被列入《国家重点保护野生动物名录》的有 126 种，包括黑鹳、褐马鸡等国家一级重点保护野生动物 30 种，豹猫、鸳鸯等国家二级重点保护野生动物 96 种。

4.1 代表性鸟类

4.1.1 陆禽类

⊙ 环颈雉

环颈雉，别名雉鸡、山鸡、野鸡，因具有白色颈圈而得名 [51]。环颈雉原产于中国、朝鲜等地区，后被陆续引入近 50 个国家和地区，现在广泛分布于世界各地 [52]。

环颈雉在国内除西藏高原部分地区和海南外，遍布绝大多数地区，为常见留鸟，是雉科中分布最广的鸟。环颈雉主要栖息于山脚、丘陵海拔 1 000～3 000 m 的林缘灌木、杂草丛生地带 [53]。

环颈雉在北京山区分布较广，较为常见。近年来随着城市地区环境向好，大型城市公园、城市绿地面积扩增，观鸟爱好者时常能发现环颈雉的"踪影"。尤其是环颈雉有独特的叫声，使观测相对容易，因此环颈雉是鸟类观测初学者最容易观测到的陆禽类鸟类。在奥林匹克森林公园、城市绿心森林公园、南海子公园这些大型公园都能经常发现它们的身影。环颈雉非常善于隐匿自身，在野外时，它会突然从人们脚边飞起，让人虚惊一场。

野鸭湖国家湿地公园的环颈雉[1]

---

1 此图由野鸭湖国家湿地公园的摄影志愿者提供。

☉ 大鸨

大鸨俗称野雁、独豹、羊须鸨等，2017 年 IUCN 将其列为《濒危物种红色名录》中的易危（VU）物种，是我国的国家一级重点保护野生动物，被称为"鸟中大熊猫"。

野鸭湖国家湿地公园的大鸨[1]

大鸨的体型很大，是世界上最大的飞行鸟类之一。它的体型与鸵鸟相似，体长（从嘴尖儿到尾端）约 1 m，体高约 60 cm，雄鸟与雌鸟体型相差大，一只雄性大鸨重达十几千克。

大鸨的"长相"很特别，翅长、嘴短、头长，羽毛漂亮华贵，头颈为灰色，下体以白色为主，背上有"虎纹"，雄鸟胸前有明

---

[1] 此图由野鸭湖国家湿地公园摄影志愿者提供。

显的淡褐色领斑，求偶时雄鸟会双翅外翻展示出白色翼下覆羽，看上去像盛开的花朵。

大鸨栖息于广阔草原、半荒漠地带及农田草地，常集群活动，是以植物为主的杂食性鸟类，喜食昆虫、野生豆科植物的种子、农作物种子以及麦苗等。

大鸨生性胆怯敏感，适应能力差。在孵卵前期，大鸨甚至会因为受到干扰弃巢而去。但没有干扰时，大鸨活动范围较小，一般不会扩大或寻找新的栖息地。

北京曾是大鸨南北迁徙的主要中转站和停歇地，在野鸭湖国家湿地公园、密云水库北岸不老屯镇周边区域、汉石桥湿地周边都有记录 [70]，但这些区域现已无法满足大鸨的越冬需求。通州区水南村地区的农田是目前北京市唯一已知且仅存的大鸨越冬栖息地，大鸨已连续 6 年在此处越冬，它们在这里停歇进食，补充能量后继续其迁徙之旅。

通州区水南村的大鸨（钟震宇／摄）

⊙ **珠颈斑鸠**

珠颈斑鸠属小型鸟类，俗称鸪雕、鸪鸟等，体长 27～34 cm，留鸟。常成小群活动，有时也与其他斑鸠混群，通常在天亮后离开栖息的树木到地上觅食，离开栖息地前常鸣叫一阵。珠颈斑鸠主要分布于东亚和东南亚[54]。

珠颈斑鸠栖息于有稀疏树木生长的平原、草地、低山丘陵和农田地带，也常出现于村庄附近的杂木林、竹林及地边树上。它鸣声响亮，鸣叫时做点头状。鸣声似"ku-ku-u-ou"，反复鸣叫。主要以植物种子为食，特别是农作物种子，如稻谷、玉米等[55]。

珠颈斑鸠、灰斑鸠、山斑鸠是北京城区常见鸟类，其中珠颈斑鸠在市中心更为常见，与北京市民关系密切。珠颈斑鸠在城区内的巢址多在隐蔽性较好的树木中层树杈上，也见于高层居民楼外窗台和空调外机支架，近年来还经常在高层建筑废弃的空调孔内发现珠颈斑鸠筑巢，可以说，珠颈斑鸠是北京城市变化的一个写照[56]。

珠颈斑鸠（John MacKinnon/ 摄）

4.1.2　游禽类

⊙ **鸿雁**

鸿雁属于大型水禽，体长 90 cm 左右，体重 2.8～5 kg，远处看起来头顶和后颈黑色，前颈近白色，黑白两色分明，反差强烈 [57]。鸿雁分布于中国、西伯利亚南部、中亚，从鄂毕河、托博尔河往东，一直到鄂霍次克海岸、堪察加半岛和库页岛。越冬在朝鲜半岛和日本 [58]。

鸿雁主要栖息于开阔平原和平原草地上的湖泊、水塘、河流、沼泽及其附近，特别是平原湖泊附近水生植物茂密的地方，有时也出现在山地平原和河谷地区。鸿雁被世界自然保护联盟（IUCN）列为《濒危物种红色名录》易危（VU）物种 [59]。

鸿雁在北京较为常见，每年春季，从南方越冬地向北方繁殖地迁徙时，大批的鸿雁会经过北京地区。同样，在秋季从北方繁殖地向南方越冬地迁徙时，鸿雁也会再次经过北京地区，因此北京地区是鸿雁迁徙的重要通道之一。鸿雁的迁徙为北京的观鸟爱好者提供了绝佳的观察机会，使得北京成为欣赏这些壮丽鸟类的重要城市。在迁徙季节，人们可以在北京的湖泊、河流和湿地等地观察到大规模的鸿雁飞行群，它们形成壮观的"V"字队形，在天空中展示出美妙的景象。近年来，鸿雁在北京地区也有部分留鸟种群，将北京当作其繁殖地。例如，每年会有 200～600 只的繁殖种群在北京南部的南海子麋鹿苑度过夏天。

野鸭湖国家湿地公园的鸿雁 1

1 此图由野鸭湖国家湿地公园摄影志愿者提供。

⊙ 天鹅

　　天鹅是纯洁与爱情的象征，也是最为人们所关注的鸟类。北京主要分布有大天鹅、小天鹅、疣鼻天鹅 3 种。大天鹅和小天鹅全身都是白色的羽毛，它们的区别之处在于大天

南海子公园的天鹅（钟震宇／摄）

鹅的体型较大，且喙基的黄色前伸到鼻孔之下，小天鹅则不前伸到鼻孔之下。疣鼻天鹅体羽洁白，头颈部略沾淡金棕色，眼先裸露，和嘴基、嘴缘以及前额的疣状突起形成一体的黑色区域。

野鸭湖国家湿地公园的天鹅[1]

　　在迁徙季节，它们一般集群于开阔的水面中，如野鸭湖以及各个水库。大天鹅有时和小天鹅一起混群出现。它们主要以水生植物的根茎、种子等为食。近年来在迁徙季节，天鹅在北京地区的落脚处越来越多。例如，南海子公园二期的湖面，近年来已经成为北京著名的"天鹅湖"，引来大批市民观赏和拍摄。

1 此图由野鸭湖国家湿地公园的摄影志愿者提供。

⊙ **鸳鸯**

鸳鸯为小型游禽，是北京地区常见的水鸟之一，深受市民喜爱。其雄鸟颜色艳丽，翅上有一对栗黄色的帆状饰羽，喙为红色；雌鸟则为暗淡的灰褐色。鸳鸯筑巢于山区溪流附近的树洞中。近年来随着北京地区生态环境逐年向好，在北京地区的越冬的鸳鸯数量不断刷新纪录。

鸳鸯是国家二级重点保护野生动物，在我国传统文化中寓意着吉祥美好，民间传说鸳鸯一旦配对便终生相伴，自古就被视为爱情的象征，深受人们的喜爱。近年来北京的冬天很多公园会形成"鸳鸯湖"，吸引很多观鸟游客。作为夏候鸟和旅鸟，鸳鸯在北京的种群数量多达几十只，会有部分留在本地越冬成为留鸟。玉渊潭公园是 2023 年鸳鸯栖息数量最多的公园，最高纪录 288 只。越冬种群在 2022—2023 年冬季达到了自 2019 年"鸳鸯科学调查"启动以来的最高纪录，为 798 只。

鸳鸯（John MacKinnon/ 摄）

⊙ 绿头鸭

绿头鸭，别名大麻鸭，是一种体型较大的野鸭，是我国重要的经济水禽[60]。体长 47 ～ 62 cm，体重约 1 kg，外形大小和家鸭相似，IUCN 的《濒危物种红色名录》将绿头鸭评估为无危（LC）物种[61]。

绿头鸭通常栖息于淡水湖畔，也成群活动于江河、湖泊、水库、海湾和沿海滩涂盐场等水域。绿头鸭以植物为主食，也觅食无脊椎动物和甲壳动物。每年绿头鸭会飞往南方过冬。春季迁徙在 3 月初至 3 月末，秋季迁徙在 9 月末至 10 月末，部分推迟至 11 月初[62]。

野鸭湖国家湿地公园的绿头鸭[1]

绿头鸭在北京分布较广泛，是北京最常见的一种野生游禽，从城市核心区的公园湿地到山区的河流小溪都会发现它们的踪迹。近年来绿头鸭在北京越冬种群也逐渐增多，这主要是活水水面的增加造成的。而一些城市湿地的核心区的建立，也增加了它们春、夏季在本地繁殖的机会。

---

1 此图由野鸭湖国家湿地公园的摄影志愿者提供。

⊙ 小䴙䴘

北京地区常见有两种䴙䴘，分别为小䴙䴘和凤头䴙䴘。小䴙䴘，别名水葫芦、水杓子，是小䴙䴘属的一种潜鸟[63]。小䴙䴘善于游泳和潜水，常潜水取食，以水生昆虫及其幼虫、鱼、虾等为食。通常单独或成分散的小群活动。繁殖时在水上相互追逐并发出叫声，有占据一定地盘的习性。

小䴙䴘常栖息于小而浅的湿地。适宜栖息地包括小型湖泊、池塘、大型淡水、碱性或咸水湖泊和水库、缓坡的海湾和植被海岸，还有流动的河流、运河、洪泛平原的牛轭湖、沿海咸水潟湖、季节性淹没区、沼泽、污水潟湖和稻田[64]。

小䴙䴘在北京城市核心区域较为少见，但在北京水面较大的城市公园及五环外的河流、湖泊则非常常见；也有很大一部分是在北京繁殖越冬的本地留鸟种群。近年来在秋、冬季的凉水河，时常能发现上万只小䴙䴘越冬，颇为壮观，是观鸟初学者最易观测到的一种鸟类。

除小䴙䴘和凤头䴙䴘这两种外，北京地区也偶见黑颈䴙䴘。

小䴙䴘（John MacKinnon/ 摄）

⊙ 白骨顶

　　白骨顶是中型游禽，在中国分布甚广，几乎遍布全国各地。主要栖息地是沼泽，在距水面不高的密草丛中筑巢。繁殖地在北方，迁徙南方过冬[65]。白骨顶对栖息地的选择较广，有湿地、草地、森林和灌丛等，在非繁殖季节通常单个栖息，繁殖季节为季节性配对或家庭栖息。它们在结群物种中为群居，在秋、冬季最明显[66]。

　　白骨顶具有杂食性，主要以植物为食，其中以水生植物的嫩芽、叶、根、茎为主，也取食昆虫、蠕虫、软体动物等[67]。

　　白骨顶在北京地区是一种较常见的季节性湿地鸟类。在迁徙季节，可常见于各类型的湿地区域，特别是在较大的水面，它们通常会成群结队地聚集一起，较易观测。

白骨顶幼鸟[1]

――――――――
1 此图由野鸭湖国家湿地公园摄影志愿者提供。

◉ **普通鸬鹚**

普通鸬鹚又名鸬鹚、大鸬鹚，是一种极为常见的大型水鸟。普通鸬鹚广泛分布于世界各地，种群的数量趋于稳定，属 IUCN《濒危物种红色名录》中的低危（LC）物种[68]。

普通鸬鹚多数为留鸟，特别是在中国南方繁殖的种群一般不迁徙；在黄河以北繁殖的种群，冬季一般要迁到黄河或长江以南地区越冬。春季迁到北方繁殖地的时间一般在 3 月末、4 月初；秋季一般于 9 月末、10 月初开始迁离北方繁殖地，往南方越冬地迁徙。迁徙时常集成小群，有时也有多达近百只的大群。在我国，普通鸬鹚主要繁殖地在黑龙江和青海省，迁徙经过吉林省、河北省、山西省等地，在南方各地越冬，属于冬候鸟[69]。

在北京的迁徙季节，普通鸬鹚在市郊的一些大型湿地较为常见，如南部的南海子麋鹿苑，西部的永定河，东部的大运河、潮白河，北部的沙河水库等，它们主要在这些湿地捕食鱼类，临时休憩，而在城市的核心区域则较为少见。

普通鸬鹚（John MacKinnon/ 摄）

⊙ 其他雁类

雁是人们早已熟知的一种鸟类，鸿雁传书的故事说明了人们很早就了解它们迁徙的习性。鸿雁和豆雁是迁徙途中路过北京的最为常见的雁类，另外还有灰雁、白额雁、斑头雁、短嘴豆雁等。它们一般栖息于比较开阔的水域，以水生植物等为食。近年来鸿雁在北京一些区域形成了繁殖种群，冬天在野鸭湖等开阔水面都能见到它们，在北京南海子公园等地也能见到。

白额雁（John MacKinnon/ 摄）

4.1.3 涉禽类

⊙ **黑鹳**

黑鹳是国家一级重点保护的大型涉禽，常栖息于有悬崖的河谷、森林及沼泽地，且单独活动，以鱼、虾、蛙、蜥蜴、啮齿类、昆虫等动物为食。

黑鹳在全球分布 3 000 余只，其中在我国有 1 000 只左右。目前在北京主要分布在房山、门头沟、延庆等地，种群数量稳中有升，达 100 多只，房山区于 2014 年被中国野生动物保护协会授予"中国黑鹳之乡"称号。

黑鹳有两个引人注目的特征. 第一，黑鹳是世界珍稀涉禽，是《濒危野生动植物种国际贸易公约》附录Ⅱ物种、国家一级保护动物；第二，生性"挑剔"的黑鹳是重要的环境指示性动物。在北京的 500 多种鸟类中，

黑鹳（John MacKinnon/ 摄）

黑鹳是少有的同时具有这两个身份的鸟类。

黑鹳具有重要的生态保护价值，它喜欢浅滩湿地，且生性胆小，只在安静和隐蔽的地方筑巢和捕食。历史上的永定河沿线河泉湖沼众多、植被丰富，是黑鹳理想的栖息和筑巢场所。自 1995 年永定河断流后，北京市区就再也没有监测到黑鹳，直到 2020 年 6 月和 9 月黑鹳才再次造访位于北京城区的永定河大宁水库段。大批黑鹳的回归，与 2020 年春季和秋季的两次永定河生态补水有极大关系，补水后的永定河成为黑鹳新的觅食区域。作为世界濒危鸟类之一，黑鹳的出现和长期生活，标志着永定河流域生态系统已得到有效恢复。

⊙ **灰鹤**

　　鹤自古以来就被认为是纯洁、长寿的象征而被喻为"仙鸟"。北京地区也有鹤类栖息地，灰鹤就是北京最容易观察到的鹤类。每年冬季，人们都可以在野鸭湖、密云水库的周边见到它们。灰鹤全身羽毛大多为灰色，眼后方至颈侧为一条灰白色条纹，在后颈处相连。灰鹤栖息于水域边的草滩、农田，成小群活动，以水草、草种等为食。近年北京也经常发现其他鹤类，如丹顶鹤、白鹤、蓑羽鹤、沙丘鹤、白头鹤和黑颈鹤，北京密云是北京市唯一有过7种鹤记录地区。

迁徙中的灰鹤
（由野鸭湖国家湿地公园摄影志愿者提供）

飞翔的白鹤
（由野鸭湖国家湿地公园摄影志愿者提供）

丹顶鹤
（由野鸭湖国家湿地公园摄影志愿者提供）

白头鹤
（由野鸭湖国家湿地公园摄影志愿者提供）

⊙ 金眶鸻

金眶鸻是一种小型涉禽，有明显的白色领圈，其下有明显的黑色领圈，眼后白斑向后延伸至头顶相连[71]。金眶鸻栖息于开阔平原和低山丘陵地带的湖泊、河流岸边以及附近的沼泽、草地和农田地带，也出现于沿海海滨、河口沙洲以及附近盐田和沼泽地带[72]。金眶鸻主要取食鳞翅目、鞘翅目及其他昆虫，以及昆虫幼虫、蠕虫、蜘蛛、甲壳类、软体动物等小型水生无脊椎动物[73]。

金眶鸻在北京分布较广，迁徙季节在公园湿地的滩涂区域较为常见，是北京地区鸟类爱好者初识"鸻鹬类"的入门级鸟类。

金眶鸻（John MacKinnon/ 摄）

⊙ **白腰草鹬**

白腰草鹬为小型涉禽，体长 20 ～ 24 cm，是一种黑白两色的内陆水边鸟类。繁殖季节主要栖息于山地或平原森林中的湖泊、河流、沼泽和水塘附近[74]。非繁殖期主要栖息于沿海海岸、河口、湖泊、河流、水塘、农田与沼泽地带。常单独或成对活动，多活动在水边浅水处、砾石河岸、泥地、沙滩、水田和沼泽地上。

白腰草鹬迁徙期间也常集成小群在放水翻耕的旱地上觅食，尤其喜欢肥沃多草的浅水田。常上下晃动尾部，边走边觅食。遇有干扰也少起飞，而是先急走，远离干扰者，然后到有草或乱石处隐蔽。若干扰者继续靠近，则突然冲起，并伴随着"啾哩—啾哩"的鸣叫而飞。飞翔疾速，两翅扇动甚快，常发出"呼呼"声响。

主要以蠕虫、虾、蜘蛛、小蚌、田螺、昆虫、昆虫幼虫等小型无脊椎动物为食，偶尔也吃小鱼和稻谷。白腰草鹬在北京较为常见，常发现于公园的湿地、城市河流等区域，是北京地区鸟类爱好者初识"鸻鹬类"的入门级鸟类。近年来监测人员也常发现白腰草鹬在北京地区繁殖。

白腰草鹬（王春晓/摄）

◉ 水雉

水雉俗称水凤凰、凌波仙子，栖息于小型池塘及湖泊旁，为常见的季节性候鸟。水雉繁殖于北纬 32° 以南的中国广大地区，以及南亚次大陆及东南亚等地区[75]。

水雉的栖息环境主要在热带及亚热带的开放性湿地中，一般为淡水湖沼。因其有细长的脚爪，能轻步行走于睡莲、荷花、菱角、芡实等浮叶植物上，且体态优美，羽色艳丽，被美称为"凌波仙子"。

水雉是一种较为大型的鸟类，头部和颈部前端为白色，颈部后端覆盖有一片十分鲜艳亮眼的金黄色羽毛[76]。水雉的脚极具特点，脚趾特别长，犹如分叉的枯树枝。这样演化是为了能更好地分散身体重量，使其可以在水草和荷叶上从容不迫地行走，也更方便捕食水生植物、小鱼、小虾和昆虫等食物。

近年水雉在北京的南海子公园、沙河水库等地时有发现，一般出现在春、夏季，一旦发现，往往引来众多观鸟爱好者。

水雉（John MacKinnon/ 摄）

⊙ 夜鹭

　　夜鹭是中型涉禽，体长 46 ～ 60 cm。体较粗胖，颈较短；
嘴尖细，微向下曲，黑色；胫裸出部分较少，脚和趾黄色；头顶
至背黑绿色而具金属光泽；上体余部灰色；下体白色；枕部披有
2 ～ 3 枚长带状白色饰羽，下垂至背上，极为醒目[77]。

　　夜鹭主要活动于平原和低山丘陵地区的溪流、水塘、江河、
沼泽和水田地上附近的大树、竹林，白天常隐蔽在沼泽、灌丛或
林间，晨昏和夜间活动，喜结群[78]。夜鹭的生境一般为水域面积
较大的河滩、海岸、水库及水田附近繁茂的树上，主要以小鱼、
蛙及水生昆虫为食，也采食陆生昆虫。夜鹭在繁殖期，不但夜间
外出觅食，白昼也频繁出没于渔民生活区域觅食[79]。

　　夜鹭在北京地区是一种较常见的湿地鸟类，分布较广，常见
于各类湿地及附近。观鸟爱好者容易把夜鹭和苍鹭混淆，因此，
夜鹭也是北京地区一种入门级的观测鸟类。

夜鹭（John MacKinnon/ 摄）

⊙ **苍鹭**

苍鹭又称灰鹭，是鹭属中体型最大的一种涉禽[80]。苍鹭头、颈、脚和嘴均较长，上半身主要为灰色，腹部为白色。成鸟的过眼纹及冠羽呈黑色，飞羽、翼角及两道胸斑呈黑色，头、颈、胸及背呈白色，颈具黑色纵纹，余部为灰色[81]。

苍鹭一般栖息于江河、溪流、湖泊、水塘、海岸等水域岸边及其浅水处，也见于沼泽、稻田、山地、森林和平原荒漠上的水边浅水处和沼泽地上[82]。

苍鹭在北京地区是一种较常见的湿地鸟类，分布较广，常见于各类湿地及其附近。近年来苍鹭在北京南海子麋鹿苑的湿地区域繁殖活动频繁，本地留鸟种群规模不断扩大，在繁殖季节引来大批观鸟爱好者拍摄。

苍鹭（John MacKinnon/ 摄）

⊙ **白鹭**

白鹭属共有 13 种鸟类，其中大白鹭、中白鹭、小白鹭和黄嘴白鹭体羽皆为全白，均称为"白鹭"。这 4 种白鹭均是中等体型（45～90 cm）的白色鹭[83]。

白鹭主要栖息于沿海岛屿、海岸、海湾、河口及其沿海附近的江河、湖泊、水塘、溪流、水稻田和沼泽地带。单独、成对或集成小群活动的情况都能见到，偶尔也有数十只在一起的大群。白鹭的羽毛价值较高，羽衣多为白色，繁殖季节有颀长的装饰性婚羽。

白鹭主要以各种小型鱼类为食，也取食虾、蟹、蝌蚪和水生昆虫等动物性食物[84]。常伫立于水边，伺机捕食过往的鱼类。大白鹭和小白鹭被列为《濒危野生动植物种国际贸易公约》附录中的物种；大白鹭和中白鹭已列入《中华人民共和国政府和日本国政府保护候鸟和栖息环境的协定》；黄嘴白鹭已被国际鸟类保护委员会（ICBP）列入《世界濒危鸟类红皮书》，中国将其列为国家一级保护野生动物[85]。

野鸭湖国家湿地公园的大白鹭[1]

在北京地区较为常见的有大白鹭、中白鹭、小白鹭，其中小白鹭最易发现，是观鸟爱好者经常拍摄的对象。

---

1 此图由野鸭湖国家湿地公园摄影志愿者提供。

⊙ 黑水鸡

黑水鸡为中型涉禽，常栖息于灌木丛、蒲草和苇丛，善潜水，多成对活动，以水草、小鱼虾和水生昆虫等为食[86]。广布于除大洋洲以外的世界各地[87]。

黑水鸡被列入 2000 年 8 月 1 日国家林业局发布的《国家保护的有益的或者有重要经济、科学研究价值的陆生野生动物名录》。2020 年 9 月，国家林业和草原局发布了《国家林业和草原局关于规范禁食野生动物分类管理范围的通知》，禁止对黑水鸡以食用为目的的养殖活动。要求除适量保留种源等特殊情形外，引导养殖户停止养殖[88]。

黑水鸡在北京地区是一种较常见的湿地鸟类，分布较广，常见于各类湿地及附近，在本地也有繁殖。北京的观鸟初学者可在本地一些湿地的浅滩芦苇丛边缘发现它们的踪迹。

黑水鸡（John MacKinnon/ 摄）

⊙ **凤头麦鸡**

　　凤头麦鸡头顶有黑色的反曲冠羽，像两条小辫，因此中国台湾又称之为小辫鸻，其上体为暗绿色具金属光泽，腹部白色。凤头麦鸡经常结大群活动，栖息于开阔水域附近的农田和草滩，以昆虫和草籽为食。凤头麦鸡近年在北京时有发现，是经常现身的麦鸡类鸟类，北京地区另一种常见的是灰头麦鸡。

凤头麦鸡（John MacKinnon/ 摄）

灰头麦鸡（John MacKinnon/ 摄）

4.1.4　攀禽类

⊙ **北京雨燕**

北京雨燕，是极少数以"北京"命名的野生动物之一，属于北京的一个符号。北京雨燕拉丁名 *Apusapus pekinensis*，其中，*apus* 来自希腊语的 *apous*，意为"无脚的"，*pekinensis* 就是"北京"的意思，表明北京是普通雨燕北京亚种的模式标本产地。

飞翔的北京雨燕

北京雨燕又称楼燕、麻燕、褐雨燕。1870 年，英国著名鸟类学家罗伯特·斯温侯（Robert Swinhoe）在北京采集到了它的标本，并将它命名为"北京雨燕"。北京雨燕的巢筑于古建筑物的下缘间、缝隙、墙洞以及岩石的缝隙中，一般距地面 8～20 m，结构比较简单，多为碟状。

北京雨燕具有高超的飞行本领，不仅飞得快、飞得高，而且飞行动作十分敏捷。在城区，经常能见到大群北京雨燕在城楼附近上下翻飞，在旷地、田野间、湖沼水面也能见到它们竞逐飞翔的场景，尤其在下雨前后最为活跃，因而有"雨燕"之称。又因为它们常聚群在古都的城楼等高大古建筑上繁殖，又有"楼燕"之称。北京雨燕每小时飞行速度可达 110～200 km，是世界上长距离飞行速度最快的鸟类。它能够在飞行中完成捕食、收集巢材、求偶、交配等活动，甚至可以边飞行边休息。

北京颐和园的北京雨燕

北京雨燕具有重要的文化价值，它是古都北京的符号。北京这座古老皇城，从太庙到雍和宫，从天安门到内外城的城门楼、箭楼，从天坛到十三陵，从通州的燃灯塔到海淀的慈寿寺塔及景山、颐和园等处的楼台亭阁，这些古建筑都是北京雨燕除岩穴之外的最佳住所。北京雨燕的脚趾结构是四趾向前，因此它无法在平坦的地面直立走动，也无法握住电线或树枝，一旦意外跌落，必须用全力扇动双翅再次飞起。这种生理结构特性是北京雨燕适应野外悬崖裸岩的自然进化而来的，也决定了其迁徙到京城后，高耸的城楼、高大的皇城建筑、寺庙和古塔成为它们最理想的落脚处。

⊙ 四声杜鹃

四声杜鹃是中型鸟类，体长 31～34 cm[89]。常隐栖树林间，平时不易见到。叫声格外洪亮，四声一度，音拟"gue-gue-gue-guo"，像汉语 4 个字音。每隔 2～3 s 一叫，有时彻夜不停[90]。杂食性，啄食松毛虫、金龟甲及其他昆虫，也吃植物种子。广泛分布于东南亚，远达俄罗斯远东，东到日本，南达印度、缅甸、马来半岛和印度尼西亚大巽他群岛[91]。

四声杜鹃同样是北京地区一种代表性候鸟，许多老北京人都对这种鸟的叫声有着深刻的记忆，虽然大部分人不能将叫声和鸟种对应起来，但对于"gue-gue-gue-guo"的叫声很熟悉。

四声杜鹃（John MacKinnon/ 摄）

⊙ **大杜鹃**

大杜鹃是普通杜鹃的中国亚种，体长约 320 mm，翅长约 210 mm，常栖息于开阔林地，特别在近水的地方。生性孤独，常单独活动。飞行快速而有力，常循直线前进。飞行时两翅振动幅度较大，但无声响。繁殖期间喜欢鸣叫，常站在乔木顶枝上鸣叫不息。

大杜鹃以独特的鸣叫而著称，其俗名"布谷鸟"和"Cuckoo"，均是其雄鸟鸣声的拟声词。有时晚上也鸣叫或边飞边鸣叫，叫声凄厉洪亮，很远便能听到它"布谷～布谷～"的粗犷而单调的声音，每分钟可反复叫 20 次。鸣声响亮，二声一度，像"kuk-ku"。在欧洲民间传说中，大杜鹃雄鸟鸣叫的音节数量被认为可以预测一个地区的财富[92]。

大杜鹃（John MacKinnon/ 摄）

大杜鹃主要以松毛虫、舞毒蛾、松针枯叶蛾以及其他鳞翅目幼虫为食，也取食蝗虫、步行甲、叩头虫、蜂等昆虫。大杜鹃目前在国内所记录的宿主达 24 种，是迄今国内最常见、宿主多样性最丰富的寄生性杜鹃[93]，其分布遍及全国各地，是人们所熟悉的一种夏候鸟[94]。

与四声杜鹃一样，大杜鹃也是北京地区的一种代表性候鸟，但其在城市核心区域分布较少。近年来随着北京市公园绿地的增加，北京城市区域也经常能听到大杜鹃的叫声。

⊙ 戴胜

戴胜是北京地区常见鸟类之一。它上体为棕栗色，喙长而下弯，翅膀黑白相间，头顶上面具有棕栗色的羽冠。平时戴胜的羽冠是合拢在脑后的，当它受惊吓或是飞落的时候，羽冠便会耸起为扇形。戴胜一般于树洞中进行繁殖，夏季即使在城市区域，也可经常在各大公园观察到戴胜的繁殖，如天坛公园、地坛公园、圆明园遗址公园等。近年来戴胜在北京城区越来越常见，特别是由于许多住宅区绿化面积增加，即使在高楼林立的区域也能偶见戴胜的踪影，甚至许多市民在自家小区也能无意间拍到戴胜。

戴胜（John MacKinnon/ 摄）

⊙ 普通翠鸟

　　普通翠鸟属于小型攀禽，体长 16 ～ 17 cm。从远处看上去，普通翠鸟外形很像啄木鸟。一般栖息于有灌丛或疏林、水清澈而缓流的小河、溪涧、湖泊以及灌溉渠等水域，翠鸟可在上述区域中捕获喜爱的食物。翠鸟生命周期中大约 2/3 的时间属于较为"呆萌"的生长状态，具体而言，翠鸟会通过有效利用自身灵敏性较高的视觉捕捉食物。翠鸟生性孤独，单独或成对活动，平时常独栖在近水边的树枝上或岩石上，伺机猎食。食物以小鱼为主，兼吃甲壳类和多种水生昆虫及其幼虫，

野鸭湖国家湿地公园的翠鸟[1]

因此，人们也通常戏称其为"打鱼郎"[95]。

　　普通翠鸟是北京湿地常见翠鸟，一年四季可见，在城市核心区域的公园也可发现。北京地区常见的翠鸟还有蓝翡翠、冠鱼狗等。普通翠鸟的分布很广，一般有较大水面的地方都能见到它们。翠鸟一般紧贴水面快速飞行，并且发出尖锐的叫声。它在捕食前一般停在枝杈或岩石上面进行观察，一旦发现猎物则马上冲入水中，捕获成功返回所停树枝，将猎物在树枝上摔打后吞食。在迁徙季节，观鸟爱好者可在本地一些湿地的浅滩芦苇丛的各种低矮立木上发现它们的踪迹，有时也会观察到它们飞过，呈现一抹亮蓝色，非常漂亮。

---

1 此图由野鸭湖国家湿地公园摄影志愿者提供。

⊙ 星头啄木鸟

星头啄木鸟是啄木鸟科、啄木鸟属的小型鸟类，体长 14～18 cm[96]。它主要栖息于山地和平原阔叶林、针阔叶混交林和针叶林中，常单独或成对活动，主要以昆虫为食，偶尔也吃植物果实和种子。繁殖期为 4—6 月。3 月中下旬即开始成对和相互追逐，边飞边叫。营巢于心材腐朽的树干上，巢位较高，一般距地 3～15 m，由雌雄鸟共同啄巢洞[97, 98]。

星头啄木鸟在北京地区较为常见，在各大郊野公园如奥林匹克森林公园、城市绿心公园、南海子公园等都可以发现它们的踪影。但观鸟初学者易把它们和本地另外一种啄木鸟"大斑啄木鸟"混淆。

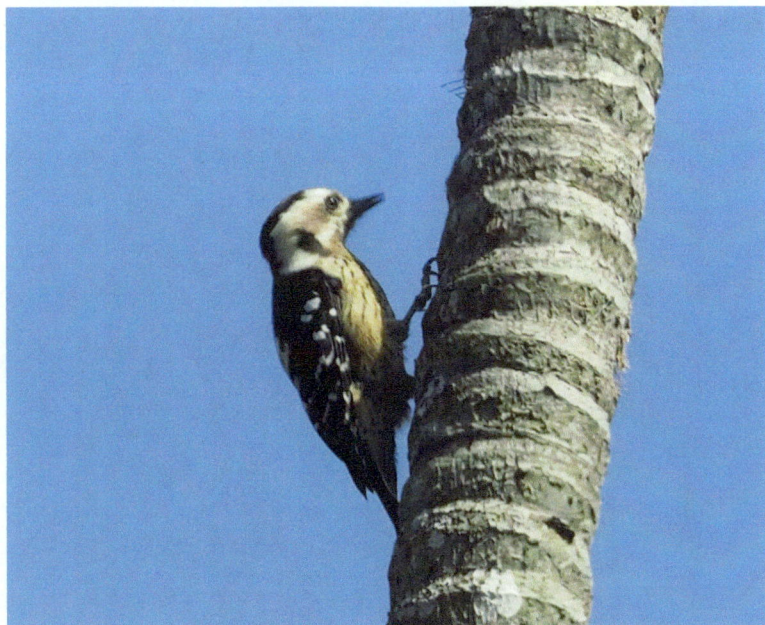

星头啄木鸟（John MacKinnon/ 摄）

⊙ **大斑啄木鸟**

大斑啄木鸟又名赤䴕、臭奔得儿木、花奔得儿木、花啄木、白花啄木鸟、啄木冠、叼木冠。由于本物种喜食很多林业害虫，因此又被誉为"森林医生"[99]。大斑啄木鸟属于小型鸟类，体长20～25 cm。上体主要为黑色，额、颊和耳羽呈白色，肩和翅上各有一块大的白斑。尾呈黑色，外侧尾羽具黑白相间横斑，飞羽亦具黑白相间的横斑。下体污白色，无斑，下腹和尾下覆羽鲜红色。雄鸟枕部红色[100]。

大斑啄木鸟喜欢在大树上和水资源充足的环境中筑巢，一般不会选择幼林和林相不整齐的林地，影响大斑啄木鸟栖息地选择的主要原因是枯立木比例、有无片林、林地内主要树种的树龄、树高、胸径等。大斑啄木鸟也是北京地区一种常见的啄木鸟，除各大公园外，城市街道也时常能发现它们。

大斑啄木鸟（John MacKinnon／摄）

⊙ **灰头绿啄木鸟**

灰头绿啄木鸟是北京地区一种常见的啄木鸟，通常在各大公园、郊外林地都能观察到它们。其与大斑啄木鸟、星头啄木鸟是北京地区最常见的 3 种啄木鸟。

灰头绿啄木鸟（John MacKinnon/ 摄）

4.1.5　鸣禽类

⊙ 乌鸫

乌鸫是北京地区最常见的鸫类，其雄鸟通体黑色，嘴和眼周橙黄色，脚黑褐色；雌鸟通体黑褐色而沾锈色，下体尤为显著，有不明显的暗色纵横。近年来乌鸫在北京本地的种群数量不断增加。它们结群于草地上觅食，于杨树等高大树木上栖息，全年在市区和各个公园都非常常见。乌鸫的鸣声嘹亮，富于音韵，并能模仿其他鸟的叫声，故有"百舌"之称，特别是在春季，叫声多变动听，深受北京市民喜爱。北京地区其他鸫类还有白眉鸫、宝兴歌鸫、赤颈鸫、黑颈鸫、红尾斑鸫等。

乌鸫（John MacKinnon/ 摄）

⊙ 黑尾蜡嘴雀

　　黑尾蜡嘴雀近年来在北京地区种群数量不断上升，相近的还有黑头蜡嘴雀、锡嘴雀等。虽然叫"黑尾蜡嘴雀"，但是它们雄鸟的头部也是黑色的，黄色的喙厚大且粗壮，先端为黑色，翅膀尖的白色斑点为识别特征。黑尾蜡嘴雀在繁殖期的鸣声响亮悦耳，且不甚惧人，在各大公园甚至城市街道的树木、草地上都可经常发现。

黑尾蜡嘴雀（John MacKinnon/ 摄）

⊙ 太平鸟类

　　北京的太平鸟类有太平鸟和小太平鸟两种，它们的俗名分别为"十二黄"和"十二红"，来源于它们分别拥有十二枚末端为黄色和红色的尾羽。太平鸟一般在秋末冬初迁徙到北京越冬，它们属于游荡性鸟类，没有特定的栖息场所，容易被人碰见。

太平鸟（John MacKinnon/ 摄）

小太平鸟（John MacKinnon/ 摄）

⊙ **喜鹊类**

　　灰喜鹊和喜鹊是北京地区最常见的鸟类之一，很多地方都有它们的身影。灰喜鹊的头是黑色的，翅膀和尾羽为天蓝色，其他部位为灰色。灰喜鹊经常结小群集体活动，受惊的时候发出"嘎，嘎"的叫声。喜鹊在中国历史上是很有人缘的鸟类之一，喜欢在居民点附近活动。据《本草纲目》，它的名字包括两个含义：一是"鹊鸣，故谓之鹊"；二是"灵能报喜，故谓之喜"，合起来就是人见人爱的喜鹊。据说喜鹊能够预报天气的晴雨，古书《禽经》中有这样的记载："仰鸣则阴，俯鸣则雨，人闻其声则喜。"喜鹊经常把巢筑在民宅旁的大树上，以枯枝编成，巢呈球状，北京的"鸟巢"国家体育场在外形上与喜鹊巢很相似。

灰喜鹊（John MacKinnon/ 摄）

⊙ 乌鸦类

乌鸦是冬天北京市内的常见鸟类，每天傍晚都会有成群的乌鸦飞到长安街两旁的杨树上过夜。如果仔细观察可以发现这些乌鸦实际有 3 种：大嘴乌鸦、小嘴乌鸦、秃鼻乌鸦。大嘴乌鸦的喙比较粗大，而小嘴乌鸦的喙则纤细一些，秃鼻乌鸦的额至喙基裸露，覆以灰白色皮膜。一般来说北京核心城区大嘴乌鸦分布较多，郊区、公园等地小嘴乌鸦、秃鼻乌鸦分布较多。

北京市区内和大型公园区域还有一种经常聚集上百只的大群活动的乌鸦，叫达乌里寒鸦。它们体型比上面的 3 种都要小，且成鸟的颈部、胸腹部为苍白色，好像穿了一件白马甲，比较容易分辨。北京西部山区还有一种城市区域极为少见的松鸦，想要观测到它们并不容易。松鸦头顶为红褐色，有黑色纵纹，喙角至喉侧部有一道黑色颊纹，上体为棕色，有一道黑、白和蓝三色相间的横斑，腰部为白色，翅膀和尾部为黑色。松鸦是北京地区非常具有"颜值"的一种鸦科鸟类。

达乌里寒鸦（John MacKinnon/ 摄）

⊙ **麻雀**

老北京俗称的"老家贼""小家雀儿"就是我们身边最常见的麻雀，它们最明显的特征就是白色脸颊上面的小黑斑。麻雀喜欢结群生活，遍布北京城乡各个角落，是一种本地区最常见的鸟。

麻雀（John MacKinnon/ 摄）

⊙ **燕子类**

"小燕子，穿花衣，年年春天来这里。"燕子无疑是大家最为熟悉和亲切的鸟。北京常见的燕子分为家燕和金腰燕，它们经常结小群活动，捕食飞在空中的昆虫。由于降雨前一般气压较低，昆虫也多在低处活动，所以家燕也会低飞以捕食昆虫。这就形成了"燕低飞，雨即来"这句谚语。

家燕（John MacKinnon/ 摄）

金腰燕（John MacKinnon/ 摄）

⊙ **鹡鸰类**

白鹡鸰是北京湿地区域的常见鸟类，本地区常见的鹡鸰类还有黄鹡鸰、黄头鹡鸰、灰鹡鸰等。白鹡鸰全身为黑白两色，头顶、后颈和胸部为黑色，其余部位为白色，两翼及翅膀黑

白鹡鸰（John MacKinnon/ 摄）

白相间。白鹡鸰广泛栖息于各种水域周边，常结小群活动，或在地面捕食，或在空中捕食。白鹡鸰飞行时呈波浪状，边飞边鸣，栖息时尾部经常不停地上下摆动。

4.1.6　猛禽类

⊙ **白尾海雕**

白尾海雕又称白尾雕、芝麻雕，体长约 85 cm。栖息地一般位于湖泊、河流、海岸、岛屿及河口地区，繁殖期喜欢在有高大树木的水域或森林地区的开阔湖泊与河流地带。习性上一般在白天活动，单独或成对在大的湖面和海面上空飞翔，冬季时可见成群在高空翱翔。休息时停栖在岩石和地面上，有时也长时间停立在乔木枝头。主要以鱼类为食，常在水面低空飞行，发现鱼后利用爪伸入水中抓捕。也捕食鸟类和中小型哺乳动物，有时也吃腐肉和动物尸体。

值得一提的是，北京麋鹿苑的人工智能监测系统于 2022 年11 月 9 日拍摄记录到有白尾海雕在此逗留，研究人员原本预计白尾海雕只是迁徙过境，落脚休息后会很快离去，结果竟然逗留 90多天，创造了多个纪录，也引起了市民的广泛关注。白尾海雕的

停留说明麋鹿苑内野生动物数量众多，食物链结构完整，给白尾海雕提供了丰富的食物来源。

野鸭湖国家湿地公园的白尾海雕[1]

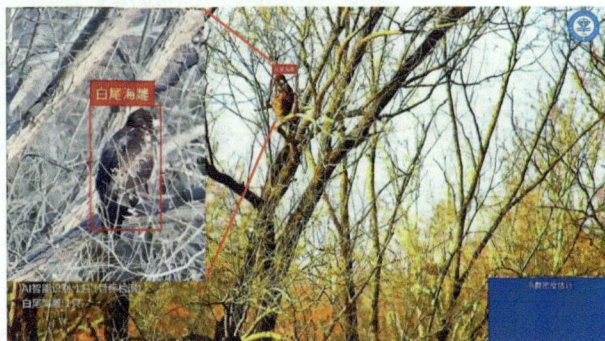

北京麋鹿苑人工智能（AI）监测系统拍摄到的白尾海雕

---

1 此图由野鸭湖国家湿地公园的摄影志愿者提供。

⊙ **长耳鸮**

长耳鸮有着长长的耳朵（簇状耳羽），棕黄色的面庞、橙红色的眼睛是它们的主要特征。体色为褐色而斑驳，面盘皮黄色，中央具明显的浅色"X"形。主要分布于欧洲、亚洲、非洲和北美洲，在中国繁殖于东北、华北和西北地区，越冬于长江流域以南的东南沿海各省，部分在北方为留鸟。

长耳鸮栖息于森林、城市公园、河岸和农田林地。它具有夜行性特性，白天隐藏于树木上休息。繁殖期常成对活动，其余时间多结小群活动。主要以小型啮齿类为食，也吃小型鸟类和大型昆虫等。繁殖期为4—6月。多利用鸦科鸟类旧巢，也在树洞中营巢。

长耳鸮
（拍摄于北京南海子公园）（John MacKinnon／摄）

长耳鸮属于国家二级重点保护野生动物。

长耳鸮在北京有留鸟分布，但只有少数个体会留在北京繁殖。每年11月后，它们从北方飞来，在北京度过整个冬季，于次年2月底至3月离开北京返回北方，它们主要栖息于松柏茂密的古建群落中，每年冬天，在天坛公园和国子监等地都能看到它们的身影。

⊙ **雕鸮**

雕鸮又称恨狐、角鸮、大猫头鹰，是鸮形目鸱鸮科雕鸮属动物，是国家二级保护野生动物。在中国分布的 31 种猫头鹰中，雕鸮是体型最大的猫头鹰[101]。雕鸮的显著特征是耳羽特别发达，显著突出于头顶两侧，长达 55 ～ 97 mm，其外侧黑色，内侧棕色[102]。

雕鸮多栖息于人迹罕至的密林中，营巢于树洞或岩隙中。全天可活动，飞行时缓慢而无声，通常贴着地面飞行[103]。食性很广，主要以各种鼠类为食，也吃各种中、小型陆生野生动物，有时甚至会捕食有蹄类等中大型野生动物。叫声深沉。雏鸟晚成性，遍布于大部欧亚地区和非洲。

雕鸮在北京地区有一定分布，但较为少见。主要出现在远离北京城区的野外，一般很难发现其踪迹。近年来在北京南海子麋鹿苑偶有出现。

雕鸮（John MacKinnon / 摄）

⊙ 红隼

红隼是小型猛禽，常栖息于山地森林、森林苔原、低山丘陵、草原、旷野、森林平原、山区植物稀疏的混合林、开垦耕地、旷野灌丛草地、林缘、林间空地、疏林和有稀疏树木生长的旷野、河谷和农田地区。飞翔时两翅快速地扇动，偶尔进行短暂的滑翔。栖息时多栖息于空旷地区孤立的高树梢上或电线杆上[104]。

红隼是北京市区内最常见的一种猛禽，它经常在高楼间翱翔，在空中悬停一段时间后，突然俯冲进行捕食。红隼在城区繁殖时，经常在较高建筑物的缝隙中筑巢或占用喜鹊的巢。在北京城市区和郊区都能经常发现红隼，属于北京地区留鸟。近年来在北京观测到红隼的频率不断提高，也从侧面说明北京本地的生物多样性保护成效显著。

红隼（John MacKinnon / 摄）

⊙ 普通鵟

普通鵟属中型猛禽，体长 54 cm，翼展 122 ～ 137 cm。翱翔时两翅微向上举呈浅 "V" 形 [105]。普通鵟广泛分布于亚洲，主要栖息于山地森林和林缘地带，从海拔 400 m 的山脚阔叶林到 2 000 m 的混交林和针叶林地带均有分布，在开阔平原、荒漠、旷野、开垦的耕作区、林缘草地较为常见，以森林鼠类为食 [106]。普通鵟被列入《国家重点保护野生动物名录》（2021 年 2 月 5 日），为国家二级保护野生动物 [107]。

普通鵟是北京地区常见猛禽，近年来在城市区域也频繁出现，特别是迁徙季节经常在大型公园绿地被观鸟爱好者抓拍。

普通鵟（John MacKinnon / 摄）

⊙ 高山猛禽

秃鹫俗称"坐山雕"，体型巨大，全身黑褐色，头、颈部裸出，呈灰蓝色，仅头顶有短的黑褐色绒羽。秃鹫主要以动物的尸体为食，一般栖息于较高的山地，冬季有时到平原地区觅食，休息时多站立在突出的岩石上。秃鹫在北京主要出现在西部山区，城市区域很难发现。

金雕头后部羽毛呈金黄色，故称金雕。上体暗褐色，下体黑褐色，尾较长而圆，具有灰褐色斑。金雕栖息于较高海拔的山区，主要捕食大型的鸟类和中小型的兽类。金雕筑巢于崖壁的岩石凹处或高大乔木上，它有利用旧巢的习惯，每年都对旧巢加以修补，每个巢可以持续使用很多年。金雕数量非常稀少，是国家一级保护野生动物。金雕喜欢在高空盘旋，在滑翔时两翅上举形成近似"V"形。运气好的话，可以在北京周边的山地观察到它们。

金雕（John MacKinnon／摄）

4.2 代表性哺乳动物

⊙ **麋鹿**

麋鹿原为中国独有唯一适宜湿地生境生存的鹿科动物。麋鹿因其角似鹿、头似马、尾似驴、蹄似牛，被称为"四不像"。1865 年法国大卫神父在北京南海子皇家猎苑发现麋鹿，并于 1866 年定名。然而，在自然灾害及战争等天灾人祸诸多因素共同作用下，至 1900 年，麋鹿种群在中国境内基本消失。中华人民共和国成立后，通过我国政府和社会各界的努力，于 1985 年 8 月将麋鹿从海外重引回故土，并随后在北京麋鹿苑、江苏大丰、湖北石首建立起麋鹿野生放养驯化保护基地。

夏日里麋鹿苑的麋鹿（北京麋鹿生态实验中心供图）

经过近 40 年的保护，麋鹿种群已发展壮大，分布地逐渐扩展到其历史上分布的所有区域。从繁盛到本土灭绝，从重引进到成功野放，中国麋鹿保护工作得到了世界认可。国际上曾评论说："将一个物种如此准确地引回它们原栖息的地方（北京南海子），这在世界上的重新引进项目中堪称独一无二。"

麋鹿的典型生境——湿地（北京麋鹿生态实验中心供图）

中国麋鹿重引进项目的成功是全球濒危野生动物保护的典型案例，为全球濒危野生动物保护提供了有益示范。同时，麋鹿的保护实践与科学管理，是中国生物多样性保护的一个缩影，展现了中国致力于生物多样性保护的全球示范作用。麋鹿保护宣教工作为生物多样性保护奠定了广泛的群众基础，为生态文明建设蓄积了巨大力量。麋鹿苑率先将麋鹿重引进试验地对公众免费开放，每年有 50 多万人前来参观学习，成为全国生态文明教育基地和全国科普教育基地。

冬天里的麋鹿（北京麋鹿生态实验中心供图）

⊙ 东北刺猬

东北刺猬又称黑龙江刺猬、远东刺猬，是猬科猬属的动物，外形与同属的西欧刺猬相似但颜色稍浅，分布于俄罗斯阿穆尔州与滨海边疆区、中国东北、华北与华中（北纬 29° 以北地区）以及朝鲜半岛等地。本种较为常见，被 IUCN 列为无危（LC）物种[108]。

东北刺猬与其他刺猬一样为夜行动物，在夜晚以小型节肢动物（昆虫幼虫、蚯蚓与蜈蚣）、蜗牛、小鼠、蛙等动物为食，有时也取食植物的果实。平时单独生活，只有在交配季节才会与伴侣共同出现，少数雌刺猬一年可繁殖两次。是一种典型的储脂型冬眠哺乳动物[109]。

东北刺猬在北京较为常见，在繁华的城市区域绿化带经常可见，在各大公园中也随处可见，本地有繁殖种群。在城市区域它们一般躲藏在紫叶小檗、黄杨等棘刺中。当遇到敌人时，它的头朝腹面弯曲，身体蜷缩成一团，包住头和四肢进行防御。它们一般在灌丛下方的土地上打洞为窝，白天隐匿在巢内，黄昏后才出来活动。

东北刺猬（Terry Townshend/ 摄）

⊙ 蒙古兔

蒙古兔，别名野兔，是大型地栖啮齿动物。体型较大，尾较长，尾长约占后足长的 80%，为国内野兔最长的种类，其尾背中央有一条长而宽的大黑斑，其边缘及尾腹面毛色纯白，直到尾基。

蒙古兔的分布广，栖息范围广，产量多，华北地区一种重要的毛皮兽，肉可食用，因其常常危害农作物和苗木，害大于益。每到冬、春两季，正是蒙古兔严重危害幼树和苗木的时期。它们最爱啃食基径粗 3 cm 以下的榆树、文冠果、果树、柳树、松树、杨树等的嫩枝和树皮[110]。蒙古兔无固定窝穴，白天多在林内较隐蔽的地方挖一个很浅的小坑静卧，只有受惊时才跑动，入夜开始觅食。其听觉灵敏，夜间觅食有一定的规律，在行走的路线上形成固定的痕迹，并留有椭圆形棕黄色兔粪，冬季降雪以后道路上的痕迹更为明显[111]。

蒙古兔在北京的繁华城区较少见，但在各大公园如奥林匹克森林公园、城市绿心公园、南海子公园等区域经常出现。

蒙古兔（John MacKinnon／摄）

⊙ **东亚伏翼**

东亚伏翼抗干扰能力强，经常集小群活动，生活在人工建筑物的缝隙、废弃的木屋以及砖瓦房顶部。

东亚伏翼习惯在开阔的空间觅食，如稻田、渔坳水库、河流、沿海地区以及次生林、城市公园、果园和种植园上空等，主要捕食各种飞行的昆虫和蜘蛛[112]。近年来，由于混凝土结构的平房逐渐替代老式的砖瓦房，严重破坏东亚伏翼栖息地，加之人类大量捕杀、高速公路的大规模修建、农业地区杀虫剂的大量使用、森林砍伐以及城市化等因素，东亚伏翼的数量明显减少。

东亚伏翼是北京地区的常见物种，城市区域也可发现，经常出没于夜间的桥洞、城市公园等环境中。

4.3　代表性两栖爬行类动物

⊙ **金线侧褶蛙**

金线侧褶蛙是北京地区一种常见的蛙类，在湿地公园的浮水植物上经常可发现它们的身影。金线侧褶蛙鸣叫声似小鸡，拟音为"ji-ji"或"ji-ji-ji"声，匍匐静栖时较少鸣叫，急速运动时常伴有鸣叫，且叫声短促[113]。它们靠保护色与环境融为一体，难以发现，需耐心观察。

⊙ **黑斑侧褶蛙**

黑斑侧褶蛙也叫黑斑蛙，俗称青蛙、青鸡、青头蛤蟆、田鸡。黑斑侧褶蛙广泛分布于我国东部，是我国重要的水产养殖经济动物[114]。它们生活在平原或丘陵的水田、池塘、湖沼区及海拔2 200 m以下的山地，常见于水田、池塘、湖泽、水沟等静水或流水缓慢的河流附近，白天隐匿在农作物、水生植物或草丛中。

黑斑侧褶蛙善于跳跃和游泳，受惊时能连续跳跃多次至进入水中，并潜入深水处或钻入淤泥或躲藏在水生植物间 [115]。黑斑侧褶蛙白天隐匿在农作物、水生植物或草丛中 [116]。黑斑侧褶蛙也是北京地区一种常见的蛙类，通过仔细观察可在湿地水面的浮水植物上发现它们。

黑斑侧褶蛙（Terry Townshend/ 摄）

⊙ 白条锦蛇

白条锦蛇，别名枕纹锦蛇、麻蛇、黑斑蛇。白条锦蛇是中国北方分布广泛的无毒蛇，生命力强，耐饥渴[117]。性情比较温顺，行动较迟缓。捕杀小鸟、蜥蜴及小型鼠类为食。它们的耐饿能力很强，曾有耐饿 18 个月的纪录[118]。白条锦蛇生活于平原、丘陵或山区、草原等地区。该物种被列入《国家保护的有益的或者有重要经济、科学研究价值的陆生野生动物名录》，列入中国生物多样性红色名录——脊椎动物卷，IUCN 评估级别为无危（LC）。

白条锦蛇在北京地区较常见，一般可在北京的山区、城市郊区、荒地发现它们，各大公园也可偶见，但在核心城区较少出现。

⊙ 黑眉曙蛇

黑眉曙蛇，俗称家蛇，是一种大型无毒蛇，其肉味鲜美，蛇蜕、蛇肉、蛇胆等均可入药，具有较高的经济价值[119]。黑眉曙蛇善攀爬，生活在高山、平原、丘陵、草地、田园及村舍附近[120]。

黑眉曙蛇喜食鼠类、鸟类，对蛙类没有兴趣。常因追逐老鼠出现在农户的居室内、屋檐及屋顶上，在南方素有"家蛇"之称，被人们誉为"捕鼠大王"，年捕鼠量多达 150 ～ 200 只。黑眉曙蛇虽是无毒蛇，但性情较为粗暴，当它受到惊扰时，即能竖起头颈，离地 20 ～ 30 cm，身体呈"S"形，做随时攻击之势。

黑眉曙蛇是北京地区常见蛇类，常见于北京的郊区、荒地，核心城区偶见，如 2023 年 7 月北京石景山苹果园大街就出现过，引起了社区居民的关注。

⊙ **红纹滞卵蛇**

红纹滞卵蛇又名红点锦蛇，俗称水蛇、白线蛇、三线蛇。成体全长 1 m 左右，腹面颈部及体前部鹅黄色，向后为浅橘黄色或橘红色，密缀黑黄相间的小棋盘格斑，十分醒目 [121]。

红纹滞卵蛇是北京地区常见的半水栖小型蛇类，生活在河岸或池塘边。在 20 世纪 80 年代甚至可在西直门等城市核心区的非公园水体（如排水沟等地）发现它们。之后随着城市化进程的发展，在核心城区很难发现了。近年来随着城市环境的改善保护数量有所恢复，在郊区、荒地、各大公园的水体偶见。

⊙ **虎斑颈槽蛇**

虎斑颈槽蛇，俗名野鸡脖子、竹竿青等，是水游蛇科颈槽蛇属的一种有毒蛇类。该蛇受刺激时可喷出橘黄色或白色分泌物，对人类黏膜有较强刺激，被该蛇后毒牙咬后也可引起中毒反应 [122]。它们常栖息于山地、农田、水边及林地边缘，日行性，以鱼类、蛙类、蟾蜍等为食，受惊扰时体前段膨扁且竖起 [123]。

虎斑颈槽蛇（Terry Townshend/ 摄）

虎斑颈槽蛇是分布在北京地区 5 种常见的毒蛇之一，常可见于北京核心城区外的湿地附近，不主动攻击它一般不会和人类产生冲突。

4.4　代表性鱼类

⊙ 花䱻

　　体长，略侧扁；通常个体体长为 20 ～ 30 cm。体被圆鳞，鳞片较小。侧线鳞 47 ～ 49；侧线上鳞 6.5；侧线下鳞 4.5。口略小，下位；唇薄，下唇两侧叶窄小；须 1 对。眼较大，侧上位。眼眶至鳃盖边缘具黏液腔。背鳍最长不分枝鳍条为粗壮的硬刺。体背灰褐色，腹部白色。侧线稍上方具有 1 列 7 ～ 11 个大黑斑，背部和体侧具有一些大小不等的黑褐色斑点。背鳍和尾鳍具有明显的黑色斑点。

　　通常栖息于水质较好的河流、湖库中。在水体中下层活动。主要捕食水生昆虫。在北京主要分布于怀柔水库、京密引水渠、白河、潮白河等。

花䱻（孙智闲／摄）

⊙ 中华鳑鲏

体高，侧扁。鳞片中等大，侧线不完全，通常鳃盖后方体侧仅
3～4枚侧线鳞。无须；口端位；口裂较深，可达眼前缘下方。尾
柄蓝色纵带前伸达背鳍起点下方。尾鳍中央鳍膜红色。繁殖期雄
性的臀鳍外缘橘红色，并镶嵌有黑色边缘，背鳍前部外缘橘黄色；
头部下方、腹部为鲜艳的橘红色，腹部最下的鳞片黑色，体侧前部
有一明显淡蓝色垂直斑条。雌鱼颜色略显暗淡。幼鱼、亚成体和雌
鱼的背鳍前部鳍膜上通常具有黑斑。繁殖季节雌鱼产卵管发育。

多栖息在河流中水草茂密的缓流区或水库中水草茂密的水域，
也适应山区河流水流稍快的环境。繁殖期雌鱼将鱼卵产于河蚌
内。春、夏季繁殖。在北京主要分布于永定河水系、潮白河水系和
北运河水系。

中华鳑鲏（孙智闲／摄）

⊙ 北鳅

体长，背鳍之前身体
扁平，后部侧扁；通常个
体体长为 4 ～ 7 cm。头部
扁平，口亚下位；须 4 对。
眼小，上位。腹鳍位置稍
前，在背鳍起点下方之前。

北鳅（孙智闲／摄）

尾鳍圆形。体背部、侧部黄褐色或棕灰色，腹部淡黄色。雄性体
侧自吻端至尾鳍基有一条黑褐色的纵纹，尾鳍基中央有一黑褐色
的纵纹。雌鱼体侧的纵纹不明显，或仅在身体后半部分有纵纹，
体侧多为不规则的黑点。

通常栖息在水质较好的河流中。在水体中下层或底层活动。
捕食水生昆虫与藻类。在北京非常少见。

⊙ 乌苏拟鲿

体延长，前部粗圆，后
部侧扁；通常个体体长为
10 ～ 20 cm，一些可达
30 cm。口下位，横裂；唇
厚。须 4 对：1 对鼻须，1 对

乌苏拟鲿（孙智闲／摄）

颌须，2 对颏须。其中颌须较长，后伸接近胸鳍起点。背鳍骨质
硬刺前缘光滑，后缘具弱锯齿。脂鳍略低且长。胸鳍硬刺前缘光滑，
后缘具强锯齿。眼小，侧上位。尾鳍内凹，末端圆钝。体背及体
侧灰黄色，腹部较浅。尾鳍边缘有较窄的白边。幼鱼和亚成个体
身体紧凑，成鱼则身体后半部明显延长。

通常栖息在水温较低、水流较急的山区河流中。底栖活动。
捕食水生昆虫、虾和小鱼。在北京主要分布于白河流域和拒马河。

⊙ **中华多刺鱼**

体细长，侧扁，尾柄细；通常个体体长小于 6 cm。口端位；下颌略长于上颌。眼较大，侧上位。侧线具薄骨板 31 ～ 33。第一背鳍由 9 个分离的棘组成，第二背鳍与臀鳍位置相对，鳍条 9 ～ 12；臀鳍具 1 个棘，鳍条 9 ～ 10；腹鳍仅 1 个棘。体背部深棕色，腹部白色。

通常栖息在山区水质干净的冷水中。繁殖期雄鱼有筑巢及保护仔鱼的习性，通常用高等水生植物的碎屑筑巢。在北京主要分布于怀柔、密云的山区河流中。

中华多刺鱼（赵亚辉／摄）

第5章

北京的植物

BEIJING

据北京植物志记载，北京地区分布有维管植物 169 科，898 属，2 088 种及 171 个变种和亚种（包括部分栽培植物），其中野生维管植物 1 790 种 [124]。北京市人民政府于 2008 年 2 月 15 日批准了《北京市重点保护野生植物名录》，其中一级重点保护植物有 8 种，二级重点保护植物有 72 种。2021 年 9 月，根据最新发布的《国家重点保护野生植物名录》，北京地区国家重点保护野生植物由原来的 3 种增加到 15 种。其中，新增百花山葡萄为国家一级保护野生植物；新增国家二级保护野生植物 11 种，包括轮叶贝母、紫点杓兰、大花杓兰、山西杓兰、手参、北京水毛茛、槭叶铁线莲、红景天、甘草、软枣猕猴桃、丁香叶忍冬。

5.1 北京的市树和市花

1987 年 3 月，北京市人民代表大会第六次会议审议并通过了北京市政府的建议，确定侧柏与国槐为北京市市树，月季与菊花为北京市市花。

5.1.1 北京的市树

侧柏与国槐，在北京有悠久的栽培历史，是北京地区森林植被的主要树种之一，也是北京市重要的自然遗产和古老文明的象征。

国槐是北京市树之一，市内种植之广，罕有其匹，城区内年龄最大的已达千岁，栽种于唐朝，在北海公园画舫斋内，乾隆皇帝曾御笔题写"古柯庭"三字，而京郊的国槐，更有汉朝种植的。据不完全统计，北京市区内已有 50 多万株国槐，令人好奇。

其实，中国北方地区普遍喜爱国槐。据记载，唐代的长安、东晋的南京、北魏的洛阳都以国槐为道边树。其中，有一份人文情结。首先，古人认为槐有君子之风，正直、坚硬，荫盖广阔；

其次，槐树是美好政治的象征，周代宫廷外种有三棵槐树，三公朝见天子和处理民间投诉时，均站在树下，故人民广植国槐，以表达对他们夙夜在公的敬意。

当然，国槐能普及开来，关键在于它的物种优势。国槐易活，耐酸碱，生长要求低，它的枝干非常直，遭遇暴雨狂风时不易倒，适合在城市种植。唐代长安出于治安考虑，路边本不允许植树，但随着城市人口增加，居民用柴成了难题，只好鼓励植树，国槐生长快，便于伐木为薪，且侧枝少，不遮蔽视野，因此成了主流树种。

国槐与唐人关系密切。唐代宫廷有槐叶饼、槐叶冷淘等。冷淘即今天的凉面，制面时加入槐叶汁，推为至美。槐叶苦，有毒，但能去火，有消炎作用，将其改造成食品，可见当时人们对国槐已有深入了解。

老北京喜槐，与它是移民城市有关。明成祖迁都，移民于山陕，洪洞县是大中转站，故有"问我故乡在何方，山西洪洞大槐树"之说。古代农村管理松散，民间靠"立社"交往，即每年两个"社日"，大家聚在一起，饮酒庆祝。"社"由年长者主持，平时有事，他们出面调解。"社"也没有办公场所，一般是植树立"社"，故先民对树充满情感，视为生命的根脉。

老北京人指国槐为故乡，故落地生根后，自然广植国槐。明清两代，北京国槐数量激增，成了城市名片。但国槐易生虫，即俗名为"吊死鬼"的尺蠖，令人厌恶，且槐字中有"鬼"，故讲究人家只在门前植槐，所谓"门前种槐，进宝招财"，院内不种槐。但这也不绝对，所谓"院有古槐，必是老宅"，故宫的御花园中，就种了 18 棵明朝以前的槐树。

凤凰国槐，在宋庆龄故居有棵 500 多年历史的古槐。它西面的树干昂首向天，东面的树枝则匍匐于地，形似欲飞的凤凰。宋庆龄生前十分喜欢这棵古槐，为其取名"凤凰国槐"。

罗锅槐，在国子监，相传国子监辟雍竣工时，乾隆帝亲临视察，见到一古槐，形似刘墉（绰号刘罗锅），故此树得名"罗锅槐"。

复苏槐，在国子监的罗锅槐北侧有一古槐，传为国子监祭酒（校长）许衡所植。清乾隆十六年（1751年），逢乾隆母亲60寿诞，本已枯死的古槐突然发绿，故而称"复苏槐"。

柏抱槐，天坛公园一棵千年古柏怀中生长着一棵百年古槐，两树相依，生长健壮，使人产生友情、团结的联想。柏抱槐是鸟类无意中将槐树种子播入柏树的树洞，萌芽、生长自然而成。

槐柏合抱，中山公园社稷坛南门外屹立着七棵辽代古柏，其中最东边一古柏树干裂缝中竟长出一棵高大的国槐，槐柏两树枝繁叶茂，情趣盎然，天然共生300多年，被称为"槐柏合抱"。

雍和宫的雍和门院中的古槐树，乾隆四十八年（1783年），在建国子监辟雍时，有51棵槐树准备伐除。乾隆帝知道后，当即下谕，凡能移栽的幼树不准砍，就近移太学门外和雍和宫，余下不能移的大树要利用在辟雍。当年移栽雍和宫的已成高大的古槐。

槐中槐，景山公园的"槐中槐"是棵唐槐，高20多m，树干高耸挺拔，但树干早已朽空，整棵主干剩下很薄的木栓层和苍老的树皮支撑着树冠并维持着生机。但有趣的是不知何时，在朽空的树干中又生长出一棵小槐树，成为京城独一无二的"槐中槐"[125]。

5.1.2　北京的市花

市花是一个城市的代表花卉。作为一种市花，通常是在该城市常见的品种。市花是城市形象的重要标志，也是现代城市的一张名片。国内外已有相当多的大中城市拥有了自己的市花。市花的确定，不仅能代表一个城市独具特色的人文景观、文化底蕴、精神风貌，体现人与自然的和谐统一，而且对带动城市相关绿色产业的发展，优化城市生态环境，提高城市品位和知名度，增强城市综合竞争力，具有重要意义。

北京市市花是月季、菊花。月季在一年中"四季常开、色泽鲜艳"，具有非常顽强的生命力和对恶劣环境的适应能力；菊花是花中四君子之一，姿色俱佳，并且傲霜凌寒不凋，代表一种北京人的性格。

缘毛紫菀

金光菊

翠菊

北京麋鹿苑里盛开的菊花（李飞飞／摄）

5.2 北京的古树名木

古树名木是森林资源中的瑰宝,保存了弥足珍贵的物种资源,记录了自然界的演替变迁,传承了人类发展的历史文化,孕育了自然绝美的人文奇观,承载着广大群众的乡愁情思。一棵古树,就是一部自然生态发展史;一株名木,就是一段历史的生动记载。古树名木不仅是大自然留给我们的宝贵财富,更是历史的见证,体现着生态与文明的融合发展 [126]。

北京现有古树名木 4 万余株,是世界保存古树名木最多的城市。2018 年,市园林绿化局组织开展了第四次全市范围的古树名木资源调查,为古树名木换发新版"身份证",完善升级北京市古树名木资源管理信息系统,实现了古树名木资源管理的动态化、信息化。保护管理好首都的古树名木,让古树名木成为北京文化中心建设的"绿色名片",对于弘扬和传承历史文化、展示古都风貌、体现古都特色、寄托乡思乡愁、促进全国文化中心、生态文明和国际一流和谐宜居之都建设具有十分重要的意义。

2018 年北京市园林绿化局组织的"最美十大树王"评选活动让首都市民更加了解了北京的古树名木的现状,更加真切地体会到古树名木所带来的历史印记,真正做到了让老百姓身边的古树"活起来"。经专家推选和首都市民的投票,北京"最美十大树王"评选活动正式揭晓。"九搂十八杈"等十株古树获得北京"最美十大树王"称号。[1]

---

1 北京市园林绿化局:传承古树文化,彰显古都风韵 - 北京"最美十大树王" https://yllhj.beijing.gov.cn/ztxx/sdsw/。

⊙ 北京侧柏之王：九搂十八杈

　　九搂十八杈生长在密云区新城子镇新城子村，胸围 780 cm，树高 1 500 cm，冠幅 1 500 cm，树龄已有 3 500 多年。因为主干距地面约 2 m 处分成十八个枝杈，故得名"九搂十八杈"，是北京树龄最长的古树。这里原为唐代的"关帝庙"遗址，当地人出于对关帝的敬仰和对古柏的爱护，又称此柏为"护寺柏"和"神柏"。

九搂十八杈（图片来源：北京市园林绿化局）

⊙ 北京国槐之王：唐槐

西城区北海公园画舫斋古柯亭院内的唐槐胸围 596 cm，树高 1 300 cm，冠幅 900 cm，距今已有 1 200 年的树龄，为一级古树。由于是在唐代种植，所以人们叫它"唐槐"。历尽沧桑巨变，它上部的原树冠早已枯死，而南侧的一个大枝又形成了新的巨冠、枝繁叶茂、绿冠如荫。

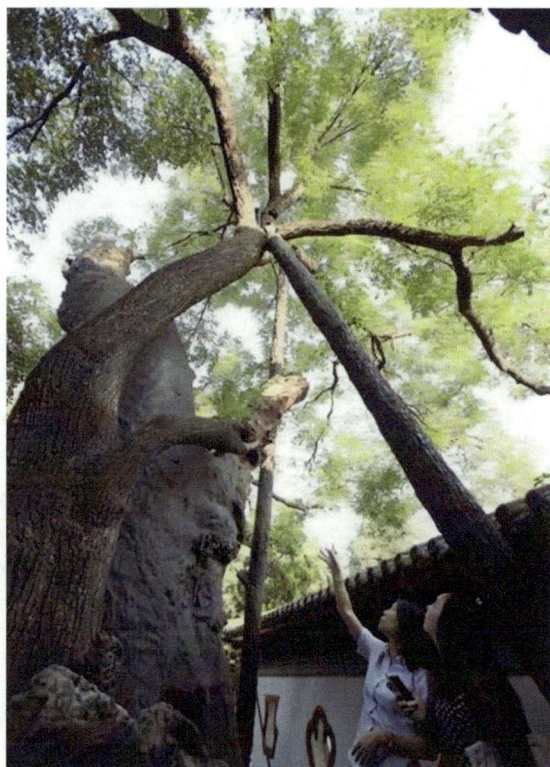

唐槐（图片来源：北京市园林绿化局）

◉ **北京油松之王：迎客松**

　　生长在海淀区凤凰岭自然风景区车耳营村关帝庙前的迎客松为一级古树。胸围 350 cm，树高 700 cm，冠幅 1 600 cm，已有 1 000 多年的历史。这棵松树为辽代所植。它南侧的一个主枝向大道上长长地延伸，好像在迎接过往的来客，故名"迎客松"。相传它不但保护着关帝，也庇佑着村民，当地人视其为"神松"。

迎客松（图片来源：北京市园林绿化局）

⊙ 北京玉兰王：颐和园邀月门东侧古玉兰

　　海淀区颐和园邀月门东侧古玉兰胸围 229 cm，树高 850 cm，冠幅 740 cm。这株古玉兰是颐和园唯一一株古玉兰。盛开时节，花色洁白，花繁而大，每至盛花期就似一片馨香的雪海，引来众多摄影爱好者前来拍摄。

古玉兰（图片来源：北京市园林绿化局）

⊙ **北京酸枣树之王：花市酸枣王**

　　生长在东城区"花市枣苑"住宅小区内的酸枣树，树围393 cm，树高1 500 cm，冠幅1 100 cm，至今已有800多年的历史，俗称花市酸枣王。酸枣王经过近千年的风风雨雨，遭遇雷击、风霜侵蚀而不死，几次冻灾而幸存。如今依然枝繁叶茂、春华秋实，尤可珍稀，人皆以为吉祥树。

花市酸枣王（图片来源：北京市园林绿化局）

⊙ 北京白皮松之王：九龙松

　　九龙松生长于门头沟区戒台寺内，是一棵白皮松。胸围650 cm，树高1 800 cm，冠幅2 300 cm，树龄达1 300多年。树的主干分九枝，树干上鳞甲斑驳，霜皮半脱，宛如九条银龙凌空飞舞，又似九条神龙在守护着戒坛，故得此名"九龙松"。该树为唐武德年间所植，是我国和世界上的"古白皮松之最"。

九龙松（图片来源：北京市园林绿化局）

⊙ **北京银杏王：帝王树**

　　门头沟区潭柘寺帝王树是一棵古银杏树，树围 1 100 cm，树高 3 000 cm，冠幅 1 850 cm，树龄达 1 300 多年，是一级古树，为唐代所植。相传在清代，每有一代帝王去世，帝王树就会有一根树杈折断。每有一代皇帝继位登基，又会从帝王树的根部长出一枝新干来，以后逐渐与老干合为一体。当然这只是迷信的说法，因为银杏树根部滋生出小树，属于它的生长特性。清乾隆皇帝御封此树为"帝王树"，这是迄今为止，皇帝对树木御封的最高封号。

帝王树（图片来源：北京市园林绿化局）

⊙ 北京海棠王：宋庆龄故居西府海棠

宋庆龄故居西府海棠生长于西城区后海北岸宋庆龄故居院内西侧，胸围 250 cm，树高 600 cm，冠幅 500 cm，已经有 200 多年历史。此处原是清光绪年间醇亲王奕譞的王府，再早是康熙年间大学士明珠的府邸，明珠的儿子大词人纳兰性德就曾经生活在这里。古西府海棠北京只有六株，在宋庆龄故居就有两株清代的古海棠树。

西府海棠（图片来源：北京市园林绿化局）

⊙ 北京桧柏之王：九龙柏

东城区天坛公园回音壁九龙柏是一棵桧柏，为一级古树，俗称天坛九龙柏，胸围 368 cm，树高 1 150 cm，冠幅 670 cm，树龄达 600 多年。此株九龙柏，又名"九龙迎圣"，青针翠枝，虬枝铜柯，古朴苍润，其树干间有纵向沟壑，将树身分为若干股，扭曲向上，宛如九条蟠龙缠绕升腾。

九龙柏（图片来源：北京市园林绿化局）

⊙ **北京榆树之王：千家店镇榆树王**

延庆区千家店镇榆树王胸围 610 cm，树高 2 100 cm，冠幅 2 500 cm，距今已有 600 年历史。这棵树是京郊最古老高大的榆树，相传此树为明成祖北巡时所植，有"榆树王"之称。如今，古树与白河相伴而舞，与村庄相映生辉，这里已成为山区旅游的一道亮丽风景。

榆树王（图片来源：北京市园林绿化局）

5.3　北京绿化中的"食源"植物

种植食源植物对于提升城市鸟类多样性具有重要作用，在2018 年北京市启动新一轮百万亩绿化造林工程时，北京市园林绿化局明确提出植物选择的总体原则是"乡土、长寿、抗逆、食源、美观"十字口诀。

其中的"食源"就是要从根本上解决包括鸟类在内的北京野生动物的吃饭问题。所谓"食源"，就是能给动物们提供花蜜、果实、种子等"口粮"的植物。北京已经大量栽种的油松、侧柏、银杏、刺槐、香椿、国槐、杜梨、柿树、板栗、紫叶李、枣树、桑树、丝棉木、蒙椴均属于此。一年四季中，春天有甜美的花粉、花蜜；夏天有多汁的桑葚，甜脆的李子、杏子；秋天和寒冬中有吃不完的山楂、海棠、柿子。

⊙ **金银忍冬**

北京的绿化中有不少结着红果子的植物，最常见的要数金银忍冬。这种树在春夏之交盛放，花长得像金银花，只不过金银花是藤本植物，而它是树。到了秋季，金银木就会结出小红果，一个枝节上左右各长两个，并且会在树上一直艳丽地挂到来年春天。金银木果实虽然

金银忍冬的果实

格外苦涩，却是诸多鸟儿（如白头鹎）冬日的美味佳肴。

☉ 玉兰

玉兰我们都很熟悉，早春时开着白色的大花，是公园一景。玉兰的果实我们是否熟悉呢？到了秋季我们都能见到玉兰树上长着一串串柱状的东西，那正是玉兰的果序，上面一个个小球便是玉兰果实。到了秋天，这些果实会沿着中缝裂开，露出里面的红色种子。种子与果实之间还连着一根丝，以防种子掉落，同时也吸引着鸟类的目光，悬挂着等候鸟儿来吃。玉兰的种子有一层肉质的种皮，这是给鸟儿们的犒赏。这些种子在鸟儿中实在是"爆款"，几乎不用等到入冬，白头鹎、椋鸟、灰喜鹊便会一抢而空。北京市区中常种植的玉兰大多是白玉兰、望春玉兰、二乔玉兰，其中要数望春玉兰种子产量最高。

春天里盛开的玉兰花

⊙ 构树

　　在北京市区临近
的香山和百望山中，我
们能寻见几种野生植物
长出的红色小果子，备
受鸟儿们的喜爱。秋天
的构树上挂上一个个红
色的"小灯笼"，这是
它们的果序。果序由一

构树结的构桃

丝丝果肉围着中间球状的果柄组成，每一个果实中都包着一粒种
子。构树果实非常甜美，人爱吃，鸟儿也争相抢食。和构树时常
长在一块儿的一种叫作扁担杆的小灌木，它们同样长着小小的红
色果实，不同的是，小果子两个挤在一块儿，俗名叫孩儿拳头。

⊙ 白蜡

　　白蜡是城市绿化中常见的树种，
是一种蜜源植物，公园中时常能看到
它们的身影。每到秋冬季，白蜡树总
能结出满满一树的翅果，这些果实就
能吸引众多鸟类留在城市中。黑尾蜡
嘴雀和锡嘴雀是这些勇于挑战坚果鸟
类中的专业选手，它们厚实的鸟喙就
是为此而生。它们经常出现在果实产
量最丰盛的白蜡树上，挑好翅果一口
一个，"嘴"到擒来，所谓白蜡果、
枫树果、松子都不在话下。

白蜡

⊙ 松树

　　松树是北京冬天最特别的存在，不惧严寒，依旧保持绿色，这也让松树成了北京常见的绿化树，为冬天的北京添一分绿色。松树枝上挂着满满的松果，松果藏着一颗颗饱满的种子，这也成了诸多鸟类取食的目标。除了蜡嘴雀，黄腹山雀也想在松子大餐中分一杯羹。它的个头很小，也没有像其他鸟类那样有称手的利器，但费点功夫也依旧能品尝到美食。它们先从松果中抠出松子，找棵横着的牢靠的树干，用爪抓住松子防止种子脱落，短小的喙反复快速地敲击，直到敲开硬壳，慢慢品尝里面的松子肉。我们经常能在松树林中发现黑头䴓这种小鸟，在其他季节它们主要吃一些树皮里或者植株上的小虫子，到了冬季它们便换成吃松子。它们能轻易地啄开松子，也懂得将战果藏匿，即将寻找到的松子藏进松树的树皮之中（多是油松）。

鸟儿的美食——松果与松子

⊙ **黑枣**

一般指君迁子，君迁子是柿树的母体。君迁子树栽植后 5 ～ 7 年结果，10 年后进入盛果期。分有核黑枣和无核黑枣，也有雄树和雌树之分，雄树只开花不结果，雌树既开花又结果，君迁子经过嫁接，便成了柿树。野生鸟类爱吃柿子，一棵柿子树，至少有四五种鸟类光顾。在这柿子之争中总是以人类落败，人们还得多尝尝才知柿子熟没熟，而鸟儿一眼便能看出，成群结队品尝这等美味。尤其是灰喜鹊，总是先啄上几口再说。

君迁子

北京的生物遗传资源

第6章

BEIJING

6.1 畜禽品种资源

6.1.1 京巴犬

京巴犬是食肉目犬科犬属哺乳动物,又名宫廷狮子犬、北京犬。京巴犬原产于中国,是中国古代宫廷培育出来的皇家独有犬种,现已分布于世界各地[127]。

京巴犬是一种非常古老的犬种,最早记录出现在唐朝,护门神"麒麟"就是其化身。从有记载开始,京巴犬只饲养在皇室,属于贵族犬。在清朝,只允许皇宫和王公大臣饲养京巴犬,慈禧太后就酷爱京巴犬,很多关于慈禧的记载中都会有京巴犬。

北京的京巴犬

京巴犬被认为是北京市的代表性宠物犬种之一。在北京的众多文化遗产中，都可以看到京巴犬的身影。例如，在"恭王府五百年"展览中就有京巴犬的展示。1893 年，第一只京巴犬在英国展出，因其惊人的美丽和传奇的历史成为焦点。1906 年，京巴犬正式在美国登记注册，迅速获得了美国人的喜爱。京巴犬多次在欧洲犬展中获得"冠军犬"称号。

北京的京巴犬

京巴犬优雅而精致，集聪慧、机灵、勇敢、倔强于一身，性情温顺可爱，非常有个性，而且表现欲强，对主人极有感情，对陌生人则比较警惕、猜忌[128]。京巴犬乖巧安静，感情细腻，娇小的身材，水汪汪的大眼睛，广受老年人喜爱。但是，它先天的身体构造也产生了一些与生俱来的麻烦，需要主人细心观察和护理。

6.1.2　种猪

北京市猪的品种主要有大白、长白、北京黑猪、松辽黑猪等。根据调研，北京市总种猪存栏量最大的区为顺义区，顺义区历来有"京郊粮仓"的美誉，为发展养猪业奠定了天然的优越条件，是京郊传统的畜牧生产大区，畜牧业占顺义区大农业的50%以上，生猪生产是其中的"大头儿"，调研显示，顺义区万头以上的猪场多达35个，规模猪场占60%，其凭借畜禽业的出色业绩为北京市"菜篮子工程"做出了突出贡献；其次是大兴区和昌平区，总种猪存栏量也相对较多，其中大兴区的种猪品种相比其他区更为多样；延庆区和怀柔区无论是总种猪存栏量还是年供种量都相对较少[129]。

6.1.3　种牛

北京市种牛的品种主要是荷斯坦奶牛，除此之外还有利木赞、安格斯、西门塔尔肉牛等品种。根据调研，2016年大兴的总种牛存栏量在北京所有区中居第1位，其牛品种主要有荷斯坦奶牛、利木赞、安格斯和西门塔尔肉牛，与其他区相比也较为多样；其次是通州区和密云区，接下来依次是怀柔区、海淀区、延庆区和顺义区。

6.1.4　种羊

北京市的种羊品种主要有杜泊、无角陶赛特、小尾寒羊、萨福克、德克塞尔和美利奴等。种羊分布的区域比较集中，主要分布在顺义区、昌平区和通州区。

6.1.5　种禽

⊙ 北京鸭

北京鸭是北京最具代表性的畜禽品种，主要有瘦肉型、肉脂型和优质小体型 3 种，原产于北京玉泉山一带，由绿头鸭驯化而来，驯养历史至少有 200 年，是家鸭的优良品种之一。

北京鸭是世界著名的优良肉用鸭标准品种。具有生长发育快、育肥性能好的特点，是闻名中外的"北京烤鸭"的制作原料。原产于北京西郊玉泉山一带，现已遍布世界各地。2005 年，北京鸭被北京市政府列为首批遗传资源保护品种。

北京鸭

⊙ 北京鸡

北京市鸡品种相对较多，有北京油鸡、京星黄鸡、艾维茵、海塞克斯、海兰、科宝、罗曼等。北京油鸡是北京唯一一个地方鸡品种，"三黄三毛五趾"的外貌特征，符合宫廷审美，清中期就已经出现，是当时的御用品种。北京油鸡距今至少已有 300 年历史，在 20 世纪 70 年代末期 80 年代初期一度濒危，目前，北京油鸡已经成为国家级畜禽品种资源重点保护品种，也是农业农村部认定的农产品地理标志产品。[1]

---

1 北京市园林绿化局 http://yllhj.beijing.gov.cn/。

6.2 地理标志农产品

　　北京的地理标志农产品大多都承载着深厚的文化底蕴和内涵，像京西稻、茅山后佛见喜梨、妙峰山玫瑰、上方山香椿等，背后流传着一个个有趣的传说故事。昔日皇家宫廷贡品，如今走向百姓餐桌，让市民在舌尖品尝美味的同时，体验原汁原味的京味以及农耕文化和人文历史。目前，北京有地理标志农产品 35 个。[1, 2, 3, 4]

⊙ 平谷大桃

　　平谷大桃，北京市平谷区特产，中国国家地理标志产品。产于北京市平谷区，目前已有白桃、蟠桃、油桃和黄桃四大系列，218 个品种，主要栽培品种有大久保、庆丰（北京 26 号）、14 号、京艳（北京 24 号）、老 24 号、燕红（绿化 9 号）等。平谷大桃以个大、色艳、甜度高、无公害而驰名中外。2006 年 4 月 16 日，国家质检总局批准对"平谷大桃"实施地理标志产品保护。2019 年 11 月 15 日，入选中国农业品牌目录。

平谷大桃

---

1 国家知识产权局 https://www.cnipa.gov.cn。
2 全国农产品地理标志查询系统 http://www.anluyun.com/。
3 北京市农业农村局 http://nyncj.beijing.gov.cn/。
4 地理标志网 http://cpgi.org.cn/。

⊙ **昌平草莓**

昌平草莓生长于温榆河冲积平原和燕山、太行山支脉的结合地带，海拔 30 ～ 60 m。果形端正、饱满，果面光泽亮丽，瘦果分布均匀，果肉质地细腻，口感纯正、香味浓郁，果实硬度较大，耐贮运。果实着色度≥ 90%。分为以章姬、金中三姬、燕香等为主的香甜型品种和以阿尔比（Ablion）、卡玛罗莎（CAMAROSA）等为主的酸甜型品种。

2010 年 12 月 15 日，原农业部批准对"昌平草莓"实施农产品地理标志登记保护。2011 年 3 月 16 日，国家质检总局批准对"昌平草莓"实施地理标志产品保护。

昌平草莓

⊙ 房山磨盘柿

磨盘柿果实扁圆形，中部有缢痕，形若磨盘。果皮橙黄色至橙红色，有蜡质。果肉淡黄色，果肉松，纤维少，汁多味甜，无核。为北京市房山区特产，有发芽早、采收晚，含糖量高，硬度大，贮运性强等优势，果色艳丽，为橘黄色，果味甘甜，果形端正，果面光洁、缺陷少，符合优质外观等级标准。

房山磨盘柿

2006 年 12 月 28 日，国家质检总局批准对"房山磨盘柿"实施地理标志产品保护。

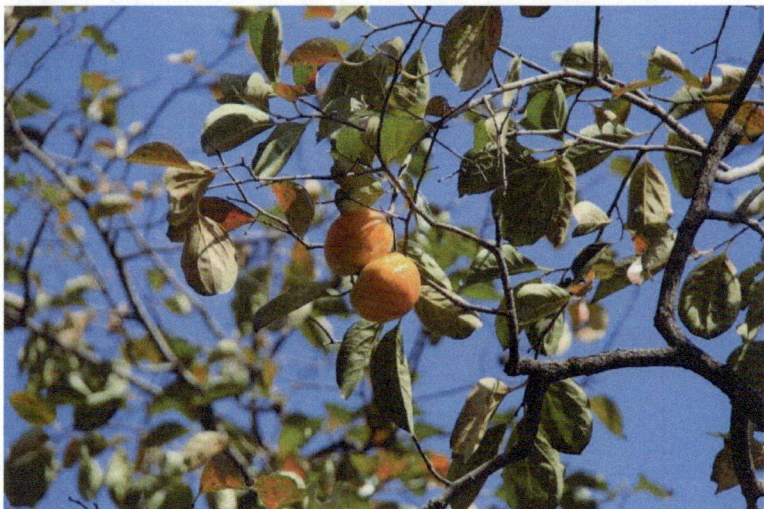

挂在树上的房山磨盘柿

⊙ 燕山板栗

　　燕山板栗属于北方栗，是山毛榉科栗属植物。果型以椭圆形、圆形为主，种脐小，果皮以栗褐色、红棕色、紫褐色为主，富有光泽，茸毛少；坚果皮薄、涩，皮极易剥离。鲜栗果肉淡黄色，炒熟后果皮油亮，果肉金黄色，肉质细腻、糯性强、香味浓。主要分布在北京密云区、昌平区、平谷区、延庆区和河北部分地区。现主栽品种有燕红、燕昌、燕丰、燕山短枝、燕魁、银丰、黑七、辛庄 2 号、南早 3 号、怀九 5 号等。

　　2008 年 3 月 14 日，国家质检总局批准对"燕山板栗"实施地理标志产品保护。

燕山板栗

⊙ 京白梨

　　京白梨为蔷薇科梨属植物果实，又名北京白梨，北京市门头沟区特产。为秋子梨系统中品质最为优良的品种之一，是北京果品中唯一冠以"京"字的地方特色品种。果实呈扁圆形，果皮黄绿色，贮藏后变为黄白色，果面平滑有蜡质光泽，果点小而稀；果肉黄白色，肉质中粗而脆，石细胞少，经后熟，果肉变细软多汁，易溶于口，香甜宜人。

　　京白梨已有 400 多年的生产历史，自明代起京白梨就是皇家贡品，在清朝末期已闻名于世，后逐渐被认同并繁殖推广到各地栽培。

　　2012 年 3 月 13 日，国家质检总局批准对"京白梨"实施地理标志产品保护。

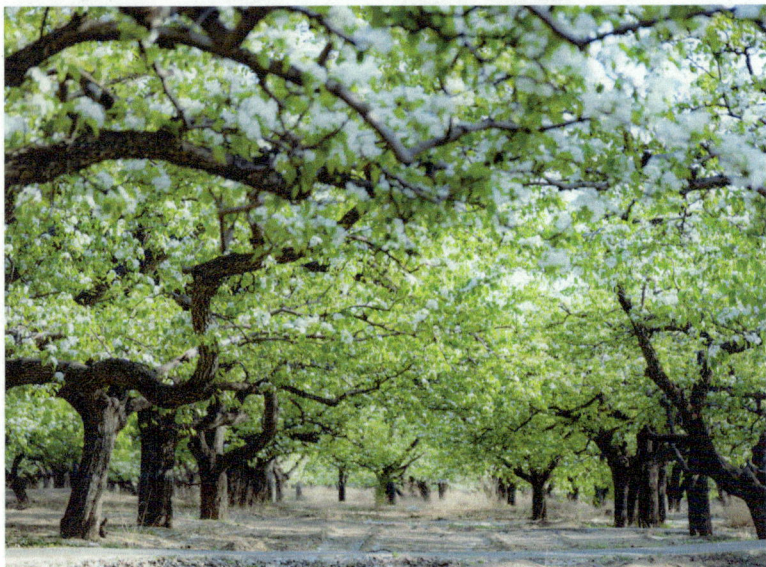

京白梨

⊙ **大兴西瓜**

大兴西瓜是北京市大兴区特产，主要品种为京欣 1 号，多次在北京市的西瓜评比鉴定会上获得第一名。经鉴定，京欣 1 号西瓜亩产可达 3 500 ～ 5 000 kg。大兴西瓜外观光洁，果形圆正，在浅绿的底色上有 16 ～ 17 条明显的深绿色蛇纹；皮薄而坚韧，瓤色鲜红柔和，肉质脆且沙，纤维少，无空洞，不倒瓤。单瓜重达 4 ～ 5 kg，含糖量可达 10% ～ 13%。味甜，品质好，属中高档品种。

2007 年 3 月 7 日，国家质检总局批准对"大兴西瓜"实施地理标志产品保护。2019 年 11 月 15 日，入选中国农业品牌目录。

大兴西瓜

⊙ 北寨红杏

北寨红杏产于北京市平谷区南独乐河镇北寨村，产地范围包括北京市平谷区北寨村现辖行政区域。北寨红杏果大形圆，色泽艳丽，黄里透红；皮薄肉厚核小；味美汁多，甜酸可口，含糖量为 12% ～ 16.5%；食用后口有余香；干核甜仁，杏仁香脆可口，长期食用具有润肺止咳等显著功效；富含维生素 C、胡萝卜素、果糖、果酸、蛋白质、钙、磷、钾等多种营养成分；耐贮运，常温下可贮存 20 d 左右，长途运输不油皮。

1995 年，北寨红杏获得农业部"绿色食品"认证，被中国果品流通协会认定为"中华名果"，"北寨"商标获得了北京市著名商标和国家地理标志的认证。2004 年北京市名杏品评会上，北寨红杏被评为第一名，2007 年获"中华名果"称号。

北寨红杏

⊙ **昌平苹果**

　　昌平苹果，北京市昌平区特产。昌平地区的苹果品种众多，口感爽脆，含糖量高，红似玛瑙，绿似翠玉，营养丰富。昌平苹果经矮化、密植、高效、绿色安全的栽培技术，以及历时十载研发成功的细长纺锤形修剪技术，引进富士、王林、桑沙、津轻等优良品种，经多年试验、观察、优选，成为昌平特色苹果品种。其中富士优系，着色面积 ≥ 95%；果肉乳黄、硬脆多汁，有香味；王林，果形端正，青绿色，果面光洁，无锈斑；桑沙，着色面积 ≥ 90%；以片红为主相间条纹；果肉乳黄、硬脆多汁。昌平苹果富含糖类、有机酸、维生素 C、维生素 B_1、维生素 B_2、蛋白质和纤维素等物质。

　　2006 年 10 月 24 日，国家质检总局批准对"昌平苹果"实施地理标志产品保护。

昌平苹果

⊙ 桥梓尜尜枣

桥梓尜尜枣产自北京市怀柔区桥梓镇，目前其产地范围为北京市怀柔区桥梓镇辖区内西起上王峪村，东至后桥梓村，北起口头村，南至前桥梓村的 24 个行政村。

尜尜枣作为中药应用已有 2 000 多年的历史，主要用于中气不足、脾胃虚弱、体倦乏力、食少便溏、血虚萎黄等症的治疗。药理研究发现，大枣中含有多种生物活性物质，对人体有多种保健治病功效。

2006 年，桥梓尜尜枣被评选为北京奥运会推荐果品一等奖；2008 年，桥梓尜尜枣被评为"中华名果"；2013 年，桥梓尜尜枣荣获年度全国名特优新农产品；2017 年 5 月，国家质检总局批准对"桥梓尜尜枣"实施地理标志产品保护。

怀柔区的桥梓尜尜枣

⊙ 京西稻

京西稻米即"京西贡米"，主产于北京市西部海淀区上庄镇西马坊、东马坊等地，现地域保护范围包括北京市海淀区上庄镇的西马坊村、东马坊村、上庄村、常乐村和四季青镇的玉泉村，共 5 个行政村及国家级翠湖湿地公园和海淀公园。京西稻属粳稻亚种，米粒椭圆丰腴、晶莹透明，米饭富有油性、黏而不糯、软硬适中、清香有弹性，米粥颜色青绿、香气独特、口感黏滑有米油，米粒不散碎。其主要品质指标均达国标二级以上，属于优质粳米。

北京海淀上庄镇京西稻保护性种植区

京西稻的历史源远流长，据史料记载，地肥水美的海淀，三国曹魏时期开始建渠种稻，至今已有1 700多年历史。2008年4月，京西稻农业标准化示范区作为第六批国家级农业标准化示范重点项目正式获批。2015年2月10日，农业部批准对"京西稻"实施国家农产品地理标志登记保护。

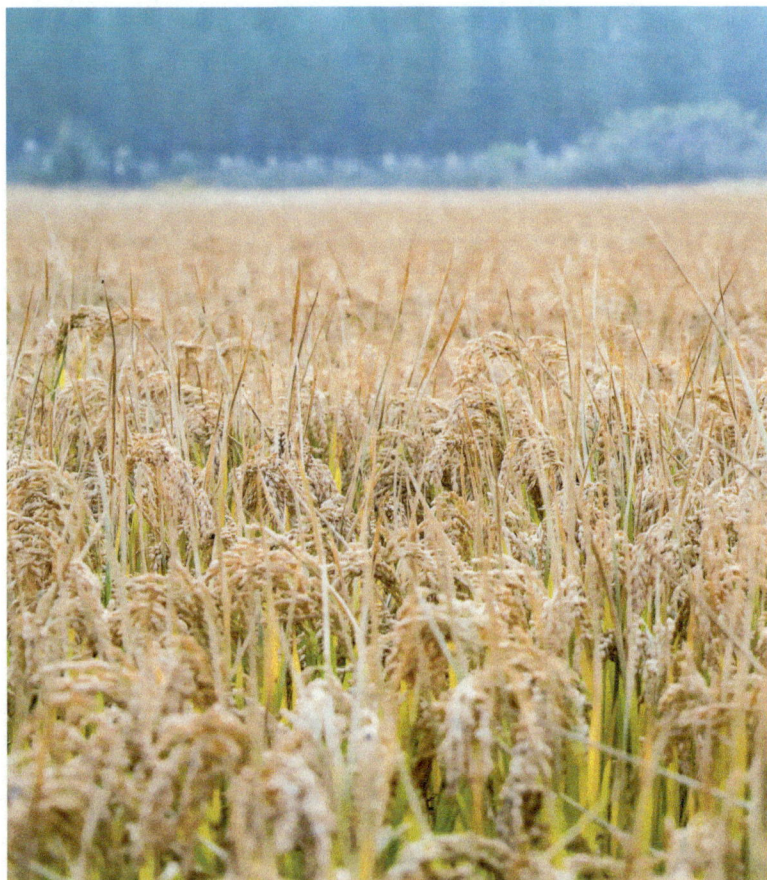

北京海淀京西稻试验田绿色农业田地水稻米

⊙ 上方山香椿

　　"香椿芽，头刀韭，顶花黄瓜，落花藕。"这可是民间总结出的四大"尖儿货"。这头一道就是食香椿芽，又名"吃春"。"雨前香椿嫩如丝"，谷雨前后，香椿上市，此时香椿醇香爽口，营养价值高，是食用的最佳时节。上方山香椿，是大自然馈赠给当地春天的礼物，独特的地理位置成就了其浓郁的口味。

生长中的香椿

　　房山的上方山风景秀丽，物产丰富，作为其三宝（香椿、黄精、拐枣）之一的香椿，自东魏以来已伴随着上方山佛教文化兴盛了 1 400 余年，明永乐年间为贡品，清乾隆年间由六必居加工成香椿酱供六宫食用。上方山的香椿之所以有名，跟其独特的地理位置有关。这里的土壤类型为棕壤、

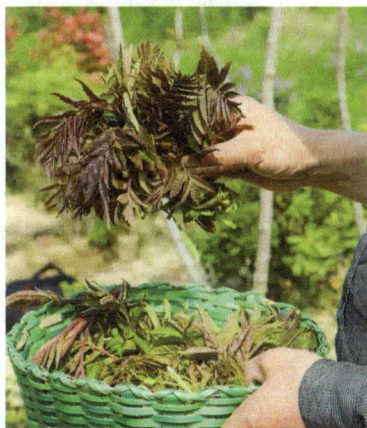
采摘的香椿

褐土、山地草甸土，平均有机质含量较高，属中性土壤，适合香椿的自然生长，而上方山香椿产区分布在海拔 300 ～ 800 m，年平均气温 11 ℃，决定了采摘期可达 50 d，拒马河、大石河回旋曲折，永定河、小清河纵横交错，独特的水质让这里产的香椿拥有独特而又浓郁的气息。

　　2020 年，农业农村部批准对"上方山香椿"实施国家农产品地理标志登记保护。2021 年，北京市农业农村局支持当地实施了地理标志农产品保护工程，进一步提高了香椿的生产水平和产品品质。

⊙ 泗家水红头香椿

门头沟区雁翅镇泗家水村的红头香椿只采头茬顶芽，已经有600多年的历史，明清时期为宫中贡品。泗家水红头香椿嫩芽呈红色或紫红色，色泽红润光亮，香气浓郁，汁多鲜嫩、食后无渣。

泗家水红头香椿

⊙ 海淀玉巴达杏

原产于海淀区北安河，有数百年栽培历史，曾为贡品。玉巴达杏在北京根据个头又分为大、中、小玉巴达，其中小玉巴达杏品质最好，每斤8～12个。史料记载"卧佛寺面面皆杏花、杏树可十万株，此香山第一圣处也"。

成熟的海淀玉巴达杏

⊙ 妙峰山玫瑰

　　门头沟妙峰山一带栽培玫瑰花，被誉为"中国的玫瑰之乡"，自辽代至今已经繁衍数千亩，以品种纯正而被称为"华北一绝"。妙峰山金顶玫瑰具备天然的独特优势，属于重瓣红玫瑰中的精品。

妙峰山玫瑰

⊙ 通州大樱桃

　　通州大樱桃主要生长于西集沙古堆村、儒林村、供给店村、小辛庄村等地，以及北运河沿线的潞城镇、张家湾镇等地，特征为汁多、肉厚、果甜、色艳、味香，短短 30 年发展，已成为高端品牌走进顶级商超。

通州大樱桃

6.3 花卉资源

我国首批国家花卉种质资源库名单中北京有 7 家。[1,2] 第二批国家花卉种质资源库共 33 个，北京地区有 3 个花卉种质资源库入选[3]，分别是北京市植物园国家海棠种质资源库，中国科学院植物研究所国家丁香种质资源库，北京市农林科学院国家百合种质资源库 [130]。

6.3.1 野生花卉资源

北京位于暖温带半湿润地区，夏季高温多雨、冬季寒冷干燥，是典型的大陆性季风气候。不同的海拔、不同的土壤成分、不同的气候条件造就了北京山区生长环境的复杂性，孕育了形态万千的野生花卉。据调查，北京地区分布着 227 种野生观赏植物。这些野生植物资源中，禾本科、菊科、蔷薇科和豆科的种类占比最多，其次是十字花科、毛茛科、百合科、莎草科和伞形科的植物 [131]。

紫花地丁（李飞飞 / 摄）

---

1 国家林业和草原局 http://www.forestry.gov.cn/。
2 中国花卉协会 http://www.forestry.gov.cn/hhxh/index.html。
3 中国花卉协会 http://www.forestry.gov.cn/hhxh/。

二月兰（诸葛菜）（李飞飞／摄）

　　海拔不同，野生花卉资源也有所不同。分布在平原及丘陵地区的野生花卉资源有紫花地丁、地黄、米口袋、二月兰、马蔺、蒲公英、鸭葱等。这些野生花卉多在早春开花；分布在海拔 800 m 左右的低山区的野生花卉资源有石竹、北萱草、飞蓬等。这些野生花卉多在春末夏初开花；分布在海拔 1 000 m 左右的中山区的野生花卉资源有祁州漏芦、华北耧斗菜、华北蓝盆花等。这些野生花卉多在夏季开花；分布在海拔 1 500 m 左右的中高山区的野生花卉资源有蓝刺头、蓝花棘豆、黄芩、瞿麦、白芷、山丹等。这

白头翁（李飞飞／摄）

些野生花卉多在夏末秋初开花；分布在海拔 2 000 m 左右的高山灌丛草甸区的野生花卉资源有翠雀、金莲花、银露梅、火绒草、野罂粟、黄花乌头等。这些野生花卉多在夏季开花。

坡向的不同，野生花卉资源也有所不同。分布在阴坡和半阴坡的野生花卉资源有二月兰、华北耧斗菜、糖芥等。分布在阳坡的野生花卉资源有石竹、马蔺、山丹、金莲花、木本香薷等。

中华秋海棠（李飞飞／摄）

6.3.2　京花

　　菊花为北京市花之一，是园林应用中的重要花卉，广泛用于花坛、地被、盆花和切花。北京市曾以菊花为主题多次举办菊花文化节、菊花展等大型活动。

　　月季也是北京市花之一，应用非常广泛，可种于花坛、花境、草坪角隅等处，也可布置成月季园。藤本月季用于花架、花墙、花篱、花门等。月季可盆栽观赏，又是重要的切花材料。

　　郁金香是著名的名贵观赏花卉，因为其独特的花型和美丽的色彩，具有极高的观赏价值。北京市中山公园内的郁金香最为出名，五颜六色的郁金香花大而鲜艳，神似油画，令游客流连忘返。

郁金香（李飞飞／摄）

北京市景山公园内的牡丹已有二三百年的历史，其中更是有诸多稀有品种。每年牡丹开花之时，公园内游客络绎不绝。

牡丹（李飞飞／摄）

北京的城市园林
与自然科普场馆

第7章

BEIJING

7.1　城市园林

首都北京汇集了众多具有生态和文化意义的城市公园，如国家植物园、奥林匹克森林公园、天坛公园、紫竹院公园、北海公园、玉渊潭公园、月坛公园、颐和园、香山公园和北京动物园等，这些都是首都北京的"生态宝藏"。

7.1.1　国家植物园

国家植物园于 2021 年 12 月 28 日经国务院批准设立，依托中国科学院植物研究所和北京市植物园，由国家林业和草原局、住房和城乡建设部、中国科学院和北京市人民政府合作共建。国家植物园坚持以植物迁地保护为重点，兼具科学研究、科普教育、园林园艺、文化休闲等功能，体现国家代表性和社会公益性。

位于香山的国家植物园

　　国家植物园位于北京西山，包括南园（中国科学院植物研究所）和北园（北京市植物园）两个园区，现开放面积约 300 hm²，收集植物 1.5 万种。南北两园各具特色，功能互补。南园建有裸子植物区（松柏园）、牡丹园、丁香园、蔷薇科植物区（月季园）、壳斗科植物区（橡树园）、水生与藤本植物区（含古莲池、王莲池等）、本草园等 15 个特色专类园，拥有体现植物多样性时空演化历史的展览温室、康熙御碑等人文景观和菩提树等国礼植物。

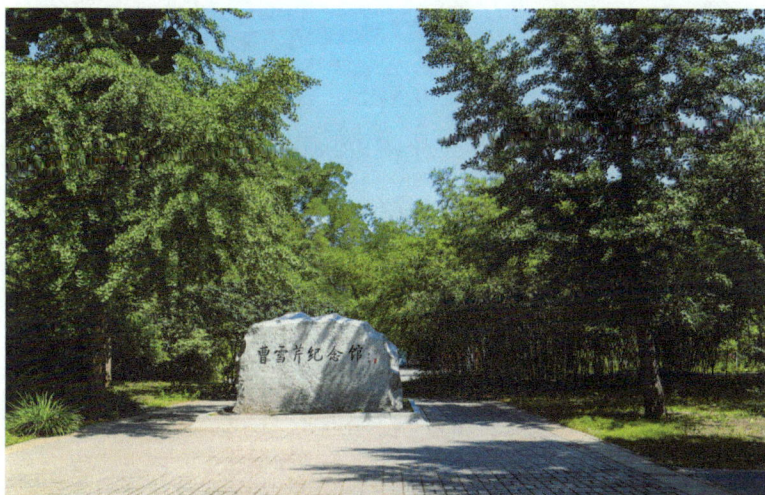

国家植物园中的曹雪芹纪念馆

　　北园具有湖光山色、古树参天的优美景观，建有桃花园、月季园、海棠园、牡丹园、梅园、丁香园、盆景园等 14 个专类园和中国北方最大的珍稀植物水杉保育区；展览温室建筑面积9 800 m²，分为热带雨林室、沙漠植物室、兰花、凤梨和食虫植物室和四季花厅，是开展植物资源保护、研究和教育的基地；园内有全国重点文物保护单位卧佛寺、北京市重点文物保护单位梁启超墓，以及一二·九运动纪念地和曹雪芹纪念馆。北园是全国科普教育基地和中国生物多样性保护示范基地，每年举办桃花节、菊花文化节、兰花展等活动。

国家植物园中的郁金香花海

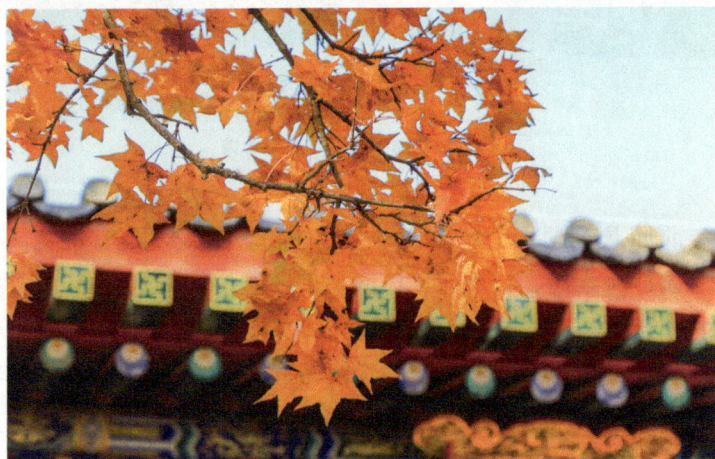

香山的红叶

7.1.2　颐和园

颐和园位于北京市西北郊，以万寿山和昆明湖为主体框架，是北京现存规模最大、保存最完整的皇家园林。颐和园原为清代的行宫花园，其名为"颐养太和"之义。颐和园为暖温带半湿润大陆性季风气候，四季变化明显，年均气温 10～11℃，年均降水量 595 mm。颐和园面积 308.00 hm²，水面约占 3/4，万寿山最高处相对高度 58.59 m，各式宫殿、园林古建占地 7 hm²。园区植被覆盖率较高，且以乡土植物为主，乔灌草垂直结构完整，兼有低山森林与湖泊湿地景观。

颐和园风光

颐和园古树资源丰富，现有古树 1 601 株，主要分布于万寿山。古树种类有油松、侧柏、圆柏、白皮松、槐树、楸、玉兰、桑 8 种，呈现"前山柏、后山松、西柏多、东松多"的格局[132, 133]。

颐和园昆明湖晚霞

颐和园具有丰富的鸟类多样性，经调查共记录到鸟类168种，占北京市有记录鸟类种数的47.86%，其中国家一级重点保护鸟类1种：金雕；国家二级重点保护鸟类20种，为角䴙䴘、大天鹅、鸳鸯、鹗及鹦形目、隼形目和鸮形目鸟类[134]。

颐和园的昆明湖大桥

7.1.3　奥林匹克森林公园

奥林匹克森林公园位于北京市朝阳区北五环林萃路，东至安立路，西至林萃路，北至清河，南至科荟路。占地面积约 6 800 亩。2008 年奥林匹克运动会之后，奥林匹克森林公园向公众免费开放，成为集旅游观光、休闲娱乐、体育健身等多功能于一体的大型公园。

奥林匹克森林公园

奥林匹克森林公园由三部分组成：核心区、南部区和北部区。核心区是奥运会主要场馆之一，鸟巢（国家体育场）所在地。南部区包括水立方（国家游泳中心）和奥林匹克森林公园会议中心。北部区是一个大型的开放式公园区域，供公众进行体育运动和休闲娱乐。

奥林匹克森林公园森林资源丰富，以乔、灌木为主，绿化覆盖率为 95.61%。公园建成时有 100 余种共 53 万株乔木、80 余种灌木和 100 余种地被植物，按照生物多样性组成自然林系统，包括侧柏、火炬树、毛白杨、油松、银杏等；灌木有连翘、棣棠、红瑞木、锦带花、山桃、胡枝子等；草本植物包括二月兰、麦冬、紫花地丁、玉簪、野牛草等；水生植被有香蒲和芦苇。公园植被每年产氧 5 400 t，吸收二氧化硫 32 t，树木滞尘 4 905 t。公园动物以鸟类为主，截至目前，公园内共记录鸟类 307 种，体现了多种居留类型，涵盖了游禽、涉禽、陆禽、猛禽、攀禽、鸣禽六大生态类群[135]。

奥林匹克森林公园景色

奥林匹克森林公园以其优美的景观和多样化的娱乐设施吸引着众多游客和居民。无论是欣赏建筑壮丽的鸟巢和水立方，还是感受大自然的美妙，这里都是一个理想的休闲娱乐场所，展示了中国举办奥运会的辉煌成就，并为人们提供了一个放松身心、享受自然与运动的场所。

7.1.4　天坛公园

天坛公园地处北京市东城区，是明清两代皇帝举行祭天祈谷大典的祭坛，是我国和世界上现存最大的古代祭祀性建筑群，1998 年被联合国教科文组织列入世界文化遗产名录[136]。

天坛公园

天坛公园面积 273 hm²，其中绿地面积 163 hm²，占总面积的 60%，是城区面积最大的绿地。园内有各种树木 6 万余株，其中一级古树达 1 150 株[137]。天坛公园的乔木以桧柏、侧柏、油松等常绿针叶树种为主。国槐、毛白杨、杏、核桃等落叶树种在小区域集中分布。灌木以白丁香、金银木、黄刺玫等较为常见。地被植物除大面积人工栽培的草坪，二月兰、蒲公英、苦菜等也较为常见。园内西北部有一个不对外开放的苗圃，植物种类丰富，郁闭度高，是公园近年记录到鸟种数最多的地方[138]。

天坛公园景色

7.1.5　紫竹院公园

　　紫竹院公园位于北京西三环内，中国国家图书馆西侧，著名的京城古河道——南长河穿园而过，是以竹取胜的自然式山水园，有"华北第一竹园"的美誉[139]。紫竹院公园得名于清乾隆在明朝万寿寺下院的基础上所建的紫竹院行宫。1953 年，北京市人民政府在原明清的官家林苑的基础上建立了紫竹院公园，并陆续引植以紫竹为主的竹种，这使得"紫竹院"得以名副其实，在北京形形色色的公园中独树一帜。

紫竹院公园冬季风光

　　园内河湖水系、岛、堤遍布全园，植物丛茂，突出以植物造景为主，属于以竹造景、以竹取胜的自然式山水园林。园内植物群落结构类型丰富，郁闭度高，已成为周边居民晨练和休闲游憩的最佳场所之一[140]。

紫竹院公园夏季风光

7.2 自然科普场馆

7.2.1 国家自然博物馆

　　国家自然博物馆的前身可追溯至 1951 年成立的中央自然博物馆筹备处，1962 年定名为北京自然博物馆[141]。2023 年 1 月，中央编办、北京市委编委正式批复"北京自然博物馆"更名为"国家自然博物馆"[142]。

　　为更好地向公众展示这些珍贵标本，博物馆的基本陈列以生物进化为主线，构筑起一个地球上生命发生发展的全景图。古生物陈列厅向我们展示了生物的起源和早期的演化进程，透过化石的印痕，人们似乎又看到了已经灭绝的生物。这些生物的遗迹，似乎带领人们穿越时空，聆听来自遥远太古代的声音。

国家自然博物馆恐龙展厅

　　植物陈列厅又似一部绿色的史诗，叙述着植物亿万年的演变。由水生到植物登陆，即使是一朵花的盛开，即使是一粒种子的传播，都蕴藏了无数的奥秘，留给我们无数的疑问。

　　动物陈列厅则向我们讲述了这些"人类的朋友"身上的奥秘，这里将世界上最具代表性的野生动物及其生态环境还原再现，生动地向我们展示了动物之美和动物界的神奇。

　　这座自然博物馆，向来不是一个枯燥的说教场所，根据青少年心理特点新开辟的互动式探索自然奥秘的科普教育活动场所，吸引了无数热爱自然的青少年朋友。"动物—人类的朋友""恐龙公园"等，又让孩子们在欢乐轻松的氛围中，探索自然，热爱科学。

7.2.2　南海子麋鹿苑博物馆

麋鹿苑博物馆位于大兴区南海子麋鹿苑，是一座集科研、科普、环境教育于一体的综合性户外生态博物馆[143]。该馆成立于1985年，占地约860亩，又名北京麋鹿生态实验中心、北京生物多样性保护研究中心。

夏日里的麋鹿苑（北京麋鹿生态实验中心供图）

南海子麋鹿苑位于元明清三朝皇家猎苑的核心，1865年法国传教士就是在这里发现的麋鹿，并将一部分标本运回法国巴黎自然博物馆。经鉴定后确定为新属新种，此后，中国麋鹿被介绍给了全世界。1985年麋鹿又被重引进北京麋鹿苑，即其百年前栖息的地方，成就了麋鹿兴衰历史上的一段佳话。

麋鹿苑"麋鹿传奇展"（胡冀宁／摄）

　　馆内现有藏品 1 万余件，室内设有麋鹿传奇、世界之鹿基本陈列，户外麋鹿自然保护区与科普设施-动物之家、世界鹿类雕塑广场、中华护生诗画等独具特色。麋鹿苑主要承担国家一级重点保护野生动物——麋鹿及湿地生态、生物多样性科学研究，开展生态环境及自然科普及工作，是国家二级博物馆、全国科普教育基地、国家 3A 级旅游景区。

麋鹿苑"麋鹿传奇展"（胡冀宁／摄）

参考文献

[1] 肖随丽. 北京城郊山地森林景区游憩承载力研究 [D]. 北京 : 北京林业大学 , 2010.

[2] 王妍, 李欣茹, 张甜甜, 等. 基于不同游客视角的百花山自然保护区生态系统服务社会价值评估 [J]. 生态学报 , 2023, 43(22): 9446-9458.

[3] 王贤, 宋孟青, 陈璇. 北京百花山自然保护区旅游资源及其开发规划 [J]. 资源管理 , 2010(31): 761-762.

[4] 王史琴, 杨恒, 游晓会, 等. 百花山景区野生花卉资源及其园林应用 [J]. 2012, 31(1): 65-68.

[5] 贺士元, 邢其华, 尹祖棠. 北京植物志（上、下）[M]. 北京 : 北京出版社 , 1992.

[6] 晏海, 廖圣晓, 周丽, 等. 百花山野生观赏植物资源调查及园林应用潜力分析. 林业资源管理 , 2010(2): 97-101.

[7] 张博雅. 自然保护区生态旅游资源分类与评价——以北京百花山国家级自然保护区为例 [D]. 北京 : 北京林业大学 , 2016.

[8] 李黎立, 蒋万杰, 吴记贵, 等. 北京松山自然保护区生物多样性现状与保护对策 [J]. 林业调查规划 , 2008, 33(5): 51-54.

[9] 北京市林业局. 松山自然保护区考察专辑 [M]. 哈尔滨：东北林业大学出版社 , 1990.

[10] 贺士元, 邢其华, 尹祖棠, 等. 北京植物志 [M]. 北京 : 北京出版社 , 1984.

[11] 肖瑶, 刘春生, 白贞芳. 北京松山自然保护区野生药用植物资源调查 [J]. 亚太传统医药 , 2016, 12(19): 15-17.

[12] 蒋万杰, 杜连海, 刘桂林, 等. 松山自然保护区的生物多样性及其威胁因素研究 [J]. 林业建设 , 2008(4): 6-9.

[13] 蔡怀颙, 刘红霞, 等. 北京松山自然保护区大型真菌调查初报 [J]. 生态科学 , 2003(3): 22.

[14] 崔海鸥, 单宏臣. 北京松山国家级自然保护区脊椎动物区系初报 [J]. 四川动物 , 2006, 25(4): 776-778.

[15] 姚爱静.长城脚下的绿色明珠——记北京八达岭国家森林公园 [J]. 国土绿化 , 2013(12): 43-44.

[16] 张秀丽 , 姚永刚 , 赵广亮 , 等 . 北京八达岭国家森林公园野生观果植物资源调查分析 [J]. 林业资源管理 , 2015, 2(1): 156-160.

[17] 梁佳宁 , 刘洋 , 马亚云 , 等 . 北京城市森林公园生态旅游资源评价研究——以北京西山国家森林公园为例 [J]. 现代园艺 , 2020, 43(21): 45-48.

[18] 姚蓓 , 黄琳 , 汪文涛 , 等 . 北京小龙门森林公园野生花卉资源评价与应用分析 [J]. 北方园艺 , 2011(4): 124-127.

[19] 李晓肃 , 刘雪野 . 八达岭—十三陵风景名胜区（延庆部分）生态敏感区植被恢复规划及可行性研究 [C]// 北京市园林绿化局 , 北京市公园管理中心 , 北京园林学会 . 2013 北京城市园林绿化与生态文明建设 . 科学技术文献出版社 , 2013: 8.

[20] 左志辉 . 八达岭的历史价值 [C]. 中国长城文化学术研讨会论集 , 2019: 144-148.

[21] 王真 , 宫辉力 , 李晓娟 , 等 . 八达岭—十三陵风景名胜区旅游资源调查与评价 [J]. 首都师范大学学报（自然科学版）, 2007, 28(2): 107-112.

[22] 郭剑锋 . 石花名洞扬天下——记北京房山石花洞风景名胜区 [J]. 科学潮 , 2010(3): 58-59.

[23] 白华 . 北京野鸭湖国家湿地公园湿地恢复与建设实践 [J]. 湿地科学与管理 , 2013, 9(4): 20-22.

[24] 李迪强 . 北京延庆野鸭湖市级湿地自然保护区科学考察报告 [R]. 北京市延庆区自然保护地管理处 , 2022.

[25] 张云鹏 , 孙彦青 . 野鸭湖 : 北京西北生态屏障 [J]. 记者观察 , 2008(6).

[26] 王鹏 , 何友均 , 高楠 , 等 . 自然保护地景观治理的实践模式 : 以长沟泉水国家湿地公园为例 [J]. 风景园林 , 2020, 27(3): 40-46.

[27] 叶辰 , 贺斌 , 瞿志 . 北京翠湖国家城市湿地公园碳汇绩效评估研究 [J]. 城市建筑 , 2023, 20(9): 189-193, 206.

[28] 闫亮亮 , 王博宇 , 于方 , 等 . 翠湖国家城市湿地公园鸟类环志研究 [J].

湿地科学与管理, 2021, 17(2): 27-30.

[29] 郝春燕, 徐尚智, 贺瑾瑞, 等. 北京平谷黄松峪国家地质公园地质遗迹特征与保护利用研究 [J]. 城市地质, 2021, 16(2): 204-210.

[30] 云蒙山国家地质公园 [J]. 国土资源情报, 2014(1).

[31] 北京延庆硅化木国家地质公园 [J]. 华北国土资源, 2012(6): 38.

[32] 曹丽慧, 郎琪, 雷坤, 等. 1980—2020 年永定河流域景观格局动态变化及驱动力分析 [J]. 环境工程技术学报, 2023, 13(1): 143-153.

[33] 刘晔, 薛万来. 基于土地利用变化的永定河流域生境质量评估 [J]. 人民长江, 2022, 53(6): 90-98.

[34] 马杏. 永定河流域生态需水及生态补偿机制研究 [D]. 大连理工大学, 2022.

[35] 原千慧. 北运河流域非点源污染解析与健康综合评估研究 [D]. 北京化工大学, 2022.

[36] 靳燕, 邱莹, 董志, 等. 北运河浮游细菌集合群落空间变化的环境解释 [J]. 中国环境科学, 2021, 41(3): 1378-1386.

[37] 胡小红, 左德鹏, 刘波, 等. 北京市北运河水系底栖动物群落与水环境驱动因子的关系及水生态健康评价 [J]. 环境科学, 2022, 43(1): 247-255.

[38] 门宝辉, 蔡斌, 田巍. 基于 SPEI 的潮白河流域气象干旱时空特征分析 [J]. 华北水利水电大学学报（自然科学版）, 2022, 43(2): 10-20.

[39] 任娇阳. 北京市潮白河流域抗生素污染分布与风险评估 [D]. 北京交通大学, 2021.

[40] 程蕊, 朱琳, 周佳慧, 等. 北京潮白河冲洪积扇地面沉降时空异质性特征及驱动因素分析 [J]. 吉林大学学报（地球科学版）, 2021, 51(4): 1182-1192.

[41] 刘莎莎, 丰成君, 谭成轩, 等. 太行山东麓北拒马河冲积扇结构探测及地震砂土液化判别 [J]. 地球学报, 2022, 43(1): 82-92.

[42] 周海洋. 京津冀协同发展中流域生态共治研究——基于沟河流域的案例分析 [J]. 清洗世界, 2022, 38(9): 105-107.

[43] 密云水库 [J]. 中国生态文明, 2022(1): 36-37.

[44] 刘可暄, 王冬梅, 魏源送, 等. 密云水库流域多尺度景观生态风险时空演变趋势 [J]. 生态学报, 2023, 43(1): 105-117.

[45] 王晨杨, 闫铁柱, 翟丽梅, 等. 密云水库白河流域基流演变特征 [J]. 生态学报, 2022, 42(8): 3181-3190.

[46] 孙艳华, 周宁, 杨秀芳. 怀柔水库洪水调度新模式探索 [J]. 水资源开发与管理, 2022, 8(9): 79-84.

[47] 周宁, 应爽, 孙艳华, 等. 2021 年汛期怀柔水库暴雨洪水调度分析 [J]. 北京水务, 2022(6): 59-64.

[48] 王梦琦, 张文, 孟令奎. 2014—2019 年北京密云和官厅水库时空变化分析 [J]. 测绘地理信息, 2022, 47(4): 100-104.

[49] 秦政, 雷坤, 黄国鲜, 等. 变化条件下官厅水库的水量平衡过程研究 [J]. 环境工程技术学报, 2021, 11(1): 56-64.

[50] 湿地护航官厅水库彰显生态美——官厅水库湿地发挥净化作用 [J]. 北京水务, 2023(5): 18-19.

[51] 李佳航. 利用腿骨 CT 鉴别野生和人工饲养环颈雉有效性的研究 [D]. 东北林业大学, 2022.

[52] 吕艳, 赛道建, 张月侠, 等. 山东省环颈雉亚种分布新纪录 [J]. 山东林业科技, 2021, 51(3):68-69.

[53] 赵正阶. 中国鸟类志（上卷）: 非雀形目 [M]. 长春: 吉林科学技术出版社, 2001: 390-392.

[54] 张学丽. 城市珠颈斑鸠季节性觅食策略选择的研究 [D]. 南昌大学, 2022.

[55] 柏军鹏. 城市化生境下珠颈斑鸠巢选择对策研究 [D]. 南昌大学, 2021.

[56] 高翙航, 于锦萍, 周立, 等. 武汉城区野生珠颈斑鸠繁殖生态学初步研究 [J]. 野生动物学报, 2018, 39(3): 689-692.

[57] 王丛民. 鸿雁生物学特征及其文化的研究 [D]. 牡丹江师范学院, 2015.

[58] 徐正刚, 吴良, 赵运林, 等. 洞庭湖笼养鸿雁行为节律研究 [J]. 野生动物学报, 2015(4): 416-421.

[59] 王丛民, 朴忠万, 杨春文, 等. 雁窝岛鸿雁的年周期研究 [J]. 教育教学论坛, 2015(6): 277-278.

[60] 田欣蕾 . 绿头鸭源产生物被膜乳酸杆菌筛选及初步应用 [D]. 吉林农业大学 , 2022.

[61] 刘博 . 绿头鸭白羽系种质特性研究 [D]. 中国农业科学院 , 2021.

[62] 马硕 . 上海市斑嘴鸭（*Anas zonorhyncha*）和绿头鸭（*A. platyrhynchos*）越冬期行为研究 [D]. 华东师范大学 , 2022.

[63] 杨乐 , 丁伟 , 李斯 . 小鹛鹛冬季日活动节律和亲代育雏 [J]. 野生动物 , 2012(4): 180-183.

[64] 苏化龙 , 刘焕金 . 山西省代县小鹛鹛繁殖生物学的研究 [J]. 动物学杂志 , 1996(6): 35-40.

[65] 程鲲 , 马建章 , 李金波 , 等 . 黑龙江安邦河自然保护区白骨顶营巢及领域特征 [J]. 四川动物 , 2010(3): 372-375, 381.

[66] 邢莲莲 , 杨贵生 . 白骨顶繁殖生态学研究 [J]. 内蒙古大学学报（自然科学版）, 1989(4): 521-527.

[67] 邢晓莹 . 白骨顶繁殖期鸣声研究 [D]. 东北林业大学 , 2009.

[68] 黄杰 , 刘磊 , 杨波 , 等 . 普通鸬鹚基因组微卫星分布规律研究 [J]. 野生动物学报 , 2020, 41(1): 108-114.

[69] 刘昊 , 李斌 , 李佳 , 等 . 绵阳市区普通鸬鹚冬季迁徙停歇及行为节律研究 [J]. 绵阳师范学院学报 , 2020, 39(5): 47-52.

[70] 高峰 , 郝茹彬 , 齐明 , 等 . 大鸨分布 [J]. 森林与人类 , 2016(3): 92-95.

[71] 关霞 , 陈卫 , 战永佳 , 等 . 金眶鸻巢址选择的研究 [J]. 湿地科学 , 2008, 6(3): 405-410.

[72] 张青霞 , 宁建友 , 薛红忠 . 金眶鸻的繁殖习性 [J]. 动物学杂志 , 2000, 35(5): 47-49.

[73] 王海昌 , 邓明鲁 . 金眶鸻繁殖习性的初步观察 [J]. 动物学杂志 , 1966(3): 123-124.

[74] 齐锐 . 扎龙湿地恢复初期春季黑翅长脚鹬与白腰草鹬的觅食生境选择 [D]. 东北林业大学 , 2008.

[75] 林宜舟 . 水雉（*Hydrophasianus chirurgus*）生态学研究 [D]. 华东师范大学 , 2005.

[76] 曾智 , 房以好 , 王广龙 , 等 . 西藏墨脱发现水雉 [J]. 四川动物 , 2022,

41(6): 671.

[77] 王野影，粟海军，熊勇，等．基于线粒体 COX1 基因探讨夜鹭的分歧时间 [J]. 生物学杂志，2019, 36(3): 22-26.

[78] 周生灵．夜鹭的研究进展 [J]. 西藏科技，2020(8): 16-18.

[79] 叶萌全，孔祥之，叶昇尧，等．野生夜鹭的临床救护 [J]. 浙江畜牧兽医，2015, 40(1): 34-35.

[80] 闫娜．苍鹭种群数量扩增的关键措施和方法 [J]. 新农业，2022(15): 62-64.

[81] 孙雪莹，李祎斌，吴庆明，等．松嫩平原苍鹭秋季栖息地选择及适宜性分布 [J]. 生态学报，2021, 41(7): 2877-2885.

[82] 李俊楼．苍鹭（*Ardea cinerea*）的繁殖生态及环境适应性研究 [D]. 河南师范大学，2019.

[83] 侯森林，费宜玲，刘大伟，等．白鹭和大白鹭羽毛显微结构观察 [J]. 南京林业大学学报（自然科学版），2022, 46(1): 156-162.

[84] 白鹭 [J]. 中文自修，2022(9): 64.

[85] 黄天丽．杭州市区白鹭的生境选择研究 [D]. 浙江农林大学，2019.

[86] 张漫君．湿地中的水鸟生境岛设计——以苍鹭、黑水鸡为例 [D]. 中国林业科学研究院，2020.

[87] 侯森林，刘大伟，费宜玲，等．雌雄黑水鸡羽毛显微结构比较 [J]. 安徽农业大学学报，2018, 45(6): 1034-1038.

[88] 黄潇航，彭佳佳，陈榕，等．黑水鸡棘口吸虫病的临床案例与病原分子生物学鉴定 [J]. 野生动物学报，2022, 43(4): 1083-1088.

[89] 张守富，张守贵，闫丰军．四声杜鹃、大杜鹃寄生性繁殖习性调查 [J]. 山东林业科技，2017, 47(5): 68-69.

[90] 卜富明，张龙胜，任宝生．太原市小店区四声杜鹃夏季生态研究 [J]. 山西林业科技，1999(3): 36-38.

[91] 王建萍．山西芦芽山自然保护区四声杜鹃的生态习性观察 [J]. 野生动物，2012(4): 184-186.

[92] 龚玉杰，王萌萌，周冰，等．大杜鹃雌鸟鸣声的日节律 [J]. 动物学杂志，2020, 55(5): 560-565.

[93] 粟通萍,霍娟,杨灿朝,等.大杜鹃对家燕的巢寄生[J].动物学杂志,2017, 52(2): 338-341.

[94] 周博.大杜鹃的宿主选择及两种伯劳宿主的反寄生策略[D].海南师范大学, 2021.

[95] 陈斌.普通翠鸟:会打洞的"工程师"[J].科学24小时, 2023(2): 55-56.

[96] 陈学奇.蓟州区穿芳峪山谷的小精灵——星头啄木鸟[J].世界文化,2017(10): 66.

[97] 周世锷,孙明荣,葛庆杰,等.星头啄木鸟繁殖习性的研究[J].动物学杂志, 1980(3): 33-34.

[98] 马丽芸.山西芦芽山自然保护区星头啄木鸟的繁殖生态研究[J].现代农业科技, 2012(22): 257-258.

[99] 盛琪,董灵波,刘兆刚.结合大斑啄木鸟生境适宜性的林分空间结构优化[J].北京林业大学学报, 2021, 43(5): 24-32.

[100] 邢茂卓,付林巨,温俊宝.斑块质量对大斑啄木鸟冬季觅食行为的影响[J].动物学杂志, 2012(4): 121-129.

[101] 马敬华,楼科勋,张先福.应激脱水综合征幼龄雕鸮的救护与治疗[J].中国兽医杂志, 2018, 54(6): 65-66.

[102] 唐松元,向晨旭,吴振明,等.基于形态学指标差异对救护雕鸮野放前的评估[J].湖南林业科技, 2022, 49(1): 42-46.

[103] 迟德强.基于雕鸮翼羽的机翼和叶片仿生减阻降噪结构设计与性能研究[D].吉林大学, 2022.

[104] 赵正阶.中国鸟类志(上卷:非雀形目)[M].长春:吉林科学技术出版社, 2001: 311-312.

[105] 朱家奎,吕晓辉,王丽,等.普通鵟的救护与放归[J].河南畜牧兽医,2017, 38(9): 42-43.

[106] 闫佳续,金建丽,杨春文,等.普通鵟雌雄个体血清蛋白比较分析[J].西南农业学报, 2015, 28(1): 444-446.

[107] 李来兴,易现峰,李明财,等.普通大鵟胃容物和食茧分析[J].动物学研究, 2004(2): 162-165.

[108] 高玲，郭炳冉，王振龙，等．东北刺猬非冬眠期体温和内脏器官重量的季节性变化 [J]．兽类学报，2010(3): 283-290.

[109] 宋士一，任月，刘春燕，等．不同越冬模式下刺猬体表温度，摄食量和体重的变化 [J]．沈阳师范大学学报（自然科学版），2018, 36(1): 16-21.

[110] 李桐生．怎样防治蒙古兔危害树木 [J]．内蒙古林业，1986(1): 24-25.

[111] 姜伯川．蒙古兔为害规律及防治方法初探 [J]．内蒙古林业科技，1987(3): 35-36, 21.

[112] 张敏．基于微卫星标记的河南省东亚伏翼遗传多样性研究 [D]．河南师范大学，2021.

[113] 周虹，赵明扬，张怀玉，等．金线侧褶蛙繁殖生态的初步观察 [J]．江苏林业科技，2000(2): 45-47.

[114] 林慧，李悦，赵家乐，等．温度对不同发育阶段黑斑侧褶蛙蝌蚪耗氧率的影响 [J]．水产养殖，2023(2): 44-49.

[115] 樊晓丽，林植华．黑斑侧褶蛙蝌蚪断尾后的补偿生长和发育研究 [J]．生态学报，2020, 40(6): 2141-2148.

[116] Opalin Martina，王情，马跃，等．黑斑侧褶蛙蝌蚪皮肤抗菌肽最早表达时间的确定 [J]．野生动物学报，2020, 41(4): 1000-1008.

[117] 姜雅风．白条锦蛇的故事 [J]．大自然，2011(6): 72-73.

[118] 金志民，杨春文，邹红菲，等．白条锦蛇耗氧量和耗氧率 [J]．东北林业大学学报，2009(6): 39-85.

[119] 姜雅风．黑眉锦蛇 [J]．大自然，2012(6): 74-76.

[120] 时云朵，孙豪．黑眉锦蛇肠道菌群结构分析 [J]．湖南农业大学学报（自然科学版），2017, 43(3): 292-297.

[121] 罗键，高红英，蒋兆频，等．重庆市红纹滞卵蛇的再发现及分类讨论 [J]．动物学杂志，2007, 42(4): 144-146.

[122] 朱广香，赵尔宓，魏梦璟，等．中国境内虎斑颈槽蛇大陆亚种的形态学研究 [J]．四川动物，2014, 33(3): 321-328.

[123] 李金花．虎斑颈槽蛇小肠发育的组织学研究 [J]．生物技术世界，2012(10): 3.

[124] 卢宝明. 北京市重要植物种质资源调查、评价研究 [Z]. 北京市林业种子苗木管理总站，2011-03-25.

[125] 陈梦瑶，何建勇. 让古树名木"活"起来（四）中山"槐柏合抱"吉祥昌瑞 景山"唐槐抱子"堪称奇迹 [J]. 绿化与生活，2018(6): 14-16.

[126] 肖筱，传承古树文化 彰显古都风韵——北京"最美十大树王"发布仪式在天坛公园举行 [J]. 国土绿化，2018(12): 32-33.

[127] 杜海龙. 世界经典名犬鉴赏：精美彩图版 [M]. 福州：福建科学技术出版社，2016.

[128] 王祥生. 爱犬训养与疾病防治大全 [M]. 北京：中国农业出版社，2001.

[129] 孔阿飞，杨宇泽，刘芳，等. 北京市畜禽遗传资源发展现状及对策 [J]. 农业展望，2017, 13(8): 52-57.

[130] 李艳梅. 北京市农林科学院国家百合种质资源库 奠定种球国产化基础 培育赏食兼用品种 [J]. 中国花卉园艺，2020(23): 12-13.

[131] 王瑞珍，温韦华，崔夏，等. 北京野生花卉资源在园林绿化中的应用 [J]. 花卉，2020(6): 145-146.

[132] 王其享，狄雅静，张龙. 颐和园植物历史景观的配置分析 [J]. 天津大学学报 (社会科学版), 2009, 11(6): 504-508.

[133] 赵亚洲，韩红岩，戴全胜，等. 北京颐和园古树替代树与后备树选择与培养 [J]. 中国园林，2015, 31(11): 78-81.

[134] 滑荣，崔多英，李淑红，等. 北京颐和园鸟类多样性调查 [J]. 野生动物学报，2019, 40 (4): 945-956.

[135] 赵欣如，梁炟，肖雯. 北京奥林匹克森林公园鸟类名录 [R]. 北京：北京观鸟会，2013.

[136] 王鲁静，鲍伟东. 北京天坛公园鸟类多样性季节变化调查 [J]. 安徽大学学报（自然科学版），2012, 36(3): 101-108.

[137] 天坛公园管理处. 天坛公园志 [M]. 北京：中国林业出版社，2002.

[138] 刘洋，李强，张明庆. 北京天坛公园鸟类群落的动态变化研究 [J]. 生态科学，2015, 34(4): 64-70.

[139] 朱国兵 . 紫竹院公园的前世今生 [J]. 北京档案 , 2020(1): 48-51.

[140] 张烨 , 赵晶 . 城市更新背景下公园游憩发展研究——以紫竹院公园为例 [J]. 城市建筑 , 2023, 20(5): 132-134, 146.

[141] 施芳 , 潘俊强 . 展示和谐共生的人与自然关系 [N]. 人民日报 , 2023-06-24(5).

[142] 操秀英 . 国家自然博物馆的 "前世今生" [N]. 科技日报 , 2023-06-09(008).

[143] 胡冀宁 , 白加德 , 郭耕 , 等 . 浅析科普传播模式的创新——以北京南海子麋鹿苑博物馆为例 [J]. 北京农业职业学院学报 , 2013, 27(5): 78-82.

附　录

附录一　北京陆生野生动物名录——鸟类

序号	中文名	拉丁名	居留类型	保护级别（国家级）	保护级别（北京市）
1	石鸡	*Alectoris chukar*	R		二级
2	斑翅山鹑	*Perdix dauurica*	R		二级
3	鹌鹑	*Coturnix japonica*	P		二级
4	勺鸡	*Pucrasia macrolopha*	R	二级	
5	褐马鸡	*Crossoptilon mantchuricum*	R	一级	
6	环颈雉	*Phasianus colchicus*	R		二级
7	鸿雁	*Anser cygnoid*	P	二级	
8	豆雁	*Anser fabalis*	P		二级
9	短嘴豆雁	*Anser serrirostris*	P		
10	灰雁	*Anser anser*	P		二级
11	白额雁	*Anser albifrons*	P	二级	
12	小白额雁	*Anser erythropus*	P	二级	
13	斑头雁	*Anser indicus*	V		
14	黑雁	*Branta bernicla*	V		
15	小天鹅	*Cygnus columbianus*	P	二级	
16	大天鹅	*Cygnus cygnus*	P	二级	
17	疣鼻天鹅	*Cygnus olor*	P	二级	
18	翘鼻麻鸭	*Tadorna tadorna*	P/W		二级
19	赤麻鸭	*Tadorna ferruginea*	P/W		二级
20	鸳鸯	*Aix galericulata*	P/R	二级	
21	棉凫	*Nettapus coromandelianus*	V/S	二级	

序号	中文名	拉丁名	居留类型	保护级别（国家级）	保护级别（北京市）
22	赤膀鸭	*Mareca strepera*	P		二级
23	罗纹鸭	*Mareca falcata*	P		二级
24	赤颈鸭	*Mareca penelope*	P		二级
25	绿头鸭	*Anas platyrhynchos*	S/P/W		二级
26	斑嘴鸭	*Anas zonorhyncha*	S/P/W		二级
27	针尾鸭	*Anas acuta*	P		二级
28	绿翅鸭	*Anas crecca*	P		二级
29	琵嘴鸭	*Spatula clypeata*	P		二级
30	绿眉鸭	*Mareca americana*	V		
31	白眉鸭	*Spatula querquedula*	P		二级
32	花脸鸭	*Sibirionetta formosa*	P	二级	
33	赤嘴潜鸭	*Netta rufina*	P		二级
34	红头潜鸭	*Aythya ferina*	P		二级
35	青头潜鸭	*Aythya baeri*	P	一级	
36	白眼潜鸭	*Aythya nyroca*	P		二级
37	凤头潜鸭	*Aythya fuligula*	P		二级
38	斑背潜鸭	*Aythya marila*	P		二级
39	丑鸭	*Histrionicus histrionicus*	V		
40	斑脸海番鸭	*Melanitta fusca*	P		二级
41	长尾鸭	*Clangula hyemalis*	P/W		二级
42	鹊鸭	*Bucephala clangula*	P/W		二级
43	斑头秋沙鸭	*Mergellus albellus*	P/W	二级	
44	普通秋沙鸭	*Mergus merganser*	P/W		二级
45	红胸秋沙鸭	*Mergus serrator*	P		二级
46	中华秋沙鸭	*Mergus squamatus*	P	一级	

序号	中文名	拉丁名	居留类型	保护级别（国家级）	保护级别（北京市）
47	大红鹳	*Phoenicopterus roseus*	V		
48	小䴙䴘	*Tachybaptus ruficollis*	S/P/R		二级
49	赤颈䴙䴘	*Podiceps grisegena*	P	二级	
50	凤头䴙䴘	*Podiceps cristatus*	S/P		一级
51	角䴙䴘	*Podiceps auritus*	P	二级	
52	黑颈䴙䴘	*Podiceps nigricollis*	P	二级	
53	岩鸽	*Columba rupestris*	R		二级
54	山斑鸠	*Streptopelia orientalis*	R		
55	珠颈斑鸠	*Streptopelia chinensis*	R		
56	灰斑鸠	*Streptopelia decaocto*	R		
57	火斑鸠	*Streptopelia tranquebarica*	R		
58	毛腿沙鸡	*Syrrhaptes paradoxus*	W/P		一级
59	普通夜鹰	*Caprimulgus indicus*	S		一级
60	白喉针尾雨燕	*Hirundapus caudacutus*	P		一级
61	普通雨燕	*Apus apus*	S		一级
62	白腰雨燕	*Apus pacificus*	P		一级
63	小鸦鹃	*Centropus bengalensis*	S	二级	
64	红翅凤头鹃	*Clamator coromandus*	S		一级
65	噪鹃	*Eudynamys scolopaceus*	S		二级
66	大鹰鹃	*Hierococcyx sparverioides*	S		二级
67	北棕腹鹰鹃	*Hierococcyx hyperythrus*	S		二级
68	四声杜鹃	*Cuculus micropterus*	S		二级
69	大杜鹃	*Cuculus canorus*	S		二级
70	东方中杜鹃	*Cuculus optatus*	S		
71	小杜鹃	*Cuculus poliocephalus*	S		二级
72	大鸨	*Otis tarda*	P	一级	

序号	中文名	拉丁名	居留类型	保护级别（国家级）	保护级别（北京市）
73	花田鸡	*Coturnicops exquisitus*	P	二级	
74	普通秧鸡	*Rallus indicus*	S/P		
75	西秧鸡	*Rallus aquaticus*	V		
76	灰胸秧鸡	*Lewinia striata*	V		
77	小田鸡	*Zapornia pusilla*	S/P		
78	红胸田鸡	*Zapornia fusca*	S/P		
79	斑胁田鸡	*Zapornia paykullii*	P	二级	
80	白胸苦恶鸟	*Amauromis phoenicurus*	S/P		
81	董鸡	*Gallicrex cinerea*	S		
82	黑水鸡	*Gallinula chloropus*	S/P		
83	白骨顶	*Fulica atra*	S/P		
84	白鹤	*Grus leucogeranus*	P	一级	
85	白枕鹤	*Grus vipio*	P	一级	
86	蓑羽鹤	*Grus virgo*	P	二级	
87	丹顶鹤	*Grus japonensis*	V	一级	
88	灰鹤	*Grus grus*	P/W	二级	
89	白头鹤	*Grus monacha*	P	一级	
90	沙丘鹤	*Grus canadensis*	V	二级	
91	鹮嘴鹬	*lbidorhyncha struthersii*	R/S	二级	
92	黑翅长脚鹬	*Himantopus himantopus*	P/S		二级
93	反嘴鹬	*Recurvirostra avosetta*	P		
94	凤头麦鸡	*Vanellus vanellus*	P		
95	灰头麦鸡	*Vanellus cinereus*	P		
96	金鸻	*Pluvialis fulva*	P		
97	灰鸻	*Pluvialis squatarola*	P		
98	剑鸻	*Charadrius hiaticula*	V		

序号	中文名	拉丁名	居留类型	保护级别（国家级）	保护级别（北京市）
99	长嘴剑鸻	*Charadrius placidus*	R/P		
100	金眶鸻	*Charadrius dubius*	S/P		
101	环颈鸻	*Charadrius alexandrinus*	P		
102	蒙古沙鸻	*Charadrius mongolus*	P		
103	铁嘴沙鸻	*Charadrius leschenaultii*	P		
104	东方鸻	*Charadrius veredus*	P		
105	彩鹬	*Rostratula benghalensis*	S		
106	水雉	*Hydrophasianus chirurgus*	V	二级	
107	丘鹬	*Scolopax rusticola*	P		
108	姬鹬	*Lymnocryptes minimus*	P		
109	孤沙锥	*Gallinago solitaria*	P		
110	扇尾沙锥	*Gallinago galinago*	P		
111	针尾沙锥	*Gallinago stenura*	P		
112	大沙锥	*Gallinago megala*	P		
113	半蹼鹬	*Limnodromus semipalmatus*	P	二级	
114	长嘴半蹼鹬	*Limnodromus scolopaceus*	P		
115	黑尾塍鹬	*Limosa limosa*	P		
116	斑尾塍鹬	*Limosa lapponica*	P		
117	小杓鹬	*Numenius minutus*	P	二级	
118	中杓鹬	*Numenius phaeopus*	P		
119	大杓鹬	*Numenius madagascariensis*	P	二级	
120	白腰杓鹬	*Numenius arquata*	P	二级	
121	鹤鹬	*Tringa erythropus*	P		
122	红脚鹬	*Tringa totanus*	P		
123	泽鹬	*Tringa stagnatilis*	P		

序号	中文名	拉丁名	居留类型	保护级别（国家级）	保护级别（北京市）
124	青脚鹬	*Tringa nebularia*	P		
125	白腰草鹬	*Tringa ochropus*	S/W/P		
126	林鹬	*Tringa glareola*	P		
127	灰尾漂鹬	*Tringa brevipes*	P		
128	矶鹬	*Actitis hypoleucos*	P		
129	翘嘴鹬	*Xenus cinereus*	P		
130	翻石鹬	*Arenaria interpres*	P	二级	
131	红腹滨鹬	*Calidris canutus*	P		
132	三趾滨鹬	*Calidris alba*	P		
133	红颈滨鹬	*Calidris ruficollis*	P		
134	小滨鹬	*Calidris minuta*	P		
135	青脚滨鹬	*Calidris temminckii*	P		
136	长趾滨鹬	*Calidris subminuta*	P		
137	斑胸滨鹬	*Calidris melanotos*	V		
138	尖尾滨鹬	*Calidris acuminata*	P		
139	黑腹滨鹬	*Calidris alpina*	P		
140	弯嘴滨鹬	*Calidris ferruqinea*	P		
141	阔嘴鹬	*Calidris falcinellus*	P	二级	
142	流苏鹬	*Calidris pugnax*	P		
143	红颈瓣蹼鹬	*Phalaropus lobatus*	P		
144	灰瓣蹼鹬	*Phalaropus fulicarius*	P		
145	黄脚三趾鹑	*Turnix tanki*	S/P		
146	普通燕鸻	*Glareola maldivarum*	P/S		一级
147	三趾鸥	*Rissa tridactyla*	V		
148	细嘴鸥	*Chroicocephalus genel*	V		

序号	中文名	拉丁名	居留类型	保护级别（国家级）	保护级别（北京市）
149	棕头鸥	*Chroicocephalus brunnicephalus*	V		
150	灰背鸥	*Larus schistisagus*	W		
151	黑嘴鸥	*Saundersilarus saundersi*	V	一级	
152	红嘴鸥	*Chroicocephalus ridibundus*	P		
153	渔鸥	*Ichthyaetus ichthyaetus*	P		
154	遗鸥	*Ichthyaetus relictus*	P	一级	
155	小鸥	*Hydrocoloeus minutus*	V	二级	
156	黑尾鸥	*Larus crassirostris*	P		
157	普通海鸥	*Larus canus*	P/W		
158	北极鸥	*Larus hyperboreus*	V		
159	小黑背银鸥	*Larus fuscus*	P		
160	西伯利亚银鸥	*Larus smithsonianus*	P/W		
161	鸥嘴噪鸥	*Gelochelidon nilotica*	P		
162	红嘴巨燕鸥	*Hydroprogne caspia*	P		
163	白额燕鸥	*Sternula albifrons*	P/S		
164	普通燕鸥	*Sterna hirundo*	P/S		
165	灰翅浮鸥	*Chlidonias hybrida*	P/S		
166	白翅浮鸥	*Chlidonias leucopterus*	P/S		
167	黑浮鸥	*Chlidonias niger*	V	二级	
168	长尾贼鸥	*Stercorarius longicaudus*	V		
169	短尾贼鸥	*Stercorarius parasiticus*	V		
170	中贼鸥	*Stercorarius pomarinus*	V		
171	红喉潜鸟	*Gavia stellata*	P		
172	黑喉潜鸟	*Gavia arctica*	P		
173	太平洋潜鸟	*Gavia pacifica*	P		

序号	中文名	拉丁名	居留类型	保护级别（国家级）	保护级别（北京市）
174	东方白鹳	*Ciconia boyciana*	P	一级	
175	黑鹳	*Ciconia nigra*	R/S	一级	
176	白斑军舰鸟	*Fregata ariel*	V	二级	
177	普通鸬鹚	*Phalacrocorax carbo*	P		二级
178	绿背鸬鹚	*Phalacrocorax capillatus*	V		
179	白琵鹭	*Platalea leucorodia*	P	二级	
180	黑脸琵鹭	*Platalea minor*	V	一级	
181	大麻鳽	*Botaurus stellaris*	P		二级
182	黄斑苇鳽	*Lxobrychus sinensis*	S		二级
183	紫背苇鳽	*Ixobrychus eurhythmus*	S		二级
184	栗苇鳽	*Ixobrychus cinnamomeus*	S		二级
185	黑苇鳽	*Lxobrychus flavicollis*	V		
186	栗头鳽	*Gorsachius goisagi*	V	二级	
187	夜鹭	*Nycticorax nycticorax*	S/R		二级
188	绿鹭	*Butorides striata*	S		二级
189	池鹭	*Ardeola bacchus*	S		二级
190	牛背鹭	*Bubulcus ibis*	S		二级
191	苍鹭	*Ardea cinerea*	S/P		二级
192	草鹭	*Ardea purpurea*	P		二级
193	大白鹭	*Ardea alba*	P		一级
194	中白鹭	*Ardea intermedia*	S		一级
195	白鹭	*Egretta garzetta*	S		二级
196	白鹈鹕	*Pelecanus onocrotalus*	V	一级	
197	卷羽鹈鹕	*Pelecanus crispus*	P	一级	
198	鹗	*Pandion haliaetus*	P	二级	
199	凤头蜂鹰	*Pernis ptilorhynchus*	P	二级	

序号	中文名	拉丁名	居留类型	保护级别（国家级）	保护级别（北京市）
200	黑翅鸢	*Elanus caeruleus*	V	二级	
201	胡兀鹫	*Gypaetus barbatus*	V	一级	
202	高山兀鹫	*Gyps himalayensis*	V	二级	
203	秃鹫	*Aegypius monachus*	P/R/W	一级	
204	蛇雕	*Spilornis cheela*	V	二级	
205	短趾雕	*Circaetus gallicus*	P	二级	
206	乌雕	*Clanga clanga*	P	一级	
207	靴隼雕	*Hieraaetus pennatus*	V	二级	
208	草原雕	*Aquila nipalensis*	P	一级	
209	白肩雕	*Aquila heliaca*	P	一级	
210	金雕	*Aquila chrysaetos*	R	一级	
211	白腹隼雕	*Aquila fasciata*	V	二级	
212	凤头鹰	*Accipiter trivirgatus*	V	二级	
213	赤腹鹰	*Accipiter soloensis*	P/S	二级	
214	松雀鹰	*Accipiter virgatus*	V	二级	
215	日本松雀鹰	*Accipiter gularis*	P/S	二级	
216	雀鹰	*Accipiter nisus*	P/W	二级	
217	苍鹰	*Accipiter gentilis*	P/W	二级	
218	白头鹞	*Circus aeruginosus*	V	二级	
219	白腹鹞	*Circus spilonotus*	P	二级	
220	白尾鹞	*Circus cyaneus*	P/W	二级	
221	草原鹞	*Circus macrourus*	V	二级	
222	鹊鹞	*Circus melanoleucos*	P	二级	
223	黑鸢	*Milvus migrans*	P/R	二级	
224	白尾海雕	*Haliaeetus albicilla*	P/W	一级	
225	虎头海雕	*Haliaeetus pelagicus*	P/W	一级	

序号	中文名	拉丁名	居留类型	保护级别（国家级）	保护级别（北京市）
226	玉带海雕	*Haliaeetus leucoryphus*	V	一级	
227	灰脸鵟鹰	*Butastur indicus*	P/S	二级	
228	普通鵟	*Buteo japonicus*	P/W	二级	
229	大鵟	*Buteo hemilasius*	P/W	二级	
230	毛脚鵟	*Buteo lagopus*	W	二级	
231	红角鸮	*Otus sunia*	S	二级	
232	北领角鸮	*Otus semitorques*	S	二级	
233	雕鸮	*Bubo bubo*	R	二级	
234	灰林鸮	*Strix aluco*	R	二级	
235	长尾林鸮	*Strix uralensis*	R	二级	
236	纵纹腹小鸮	*Athene noctua*	R	二级	
237	日本鹰鸮	*Ninox japonica*	S/P	二级	
238	长耳鸮	*Asio otus*	W	二级	
239	斑头鸺鹠	*Glaucidium cuculoides*	V	二级	
240	短耳鸮	*Asio flammeus*	W/P	二级	
241	戴胜	*Upupa epops*	S/R		二级
242	三宝鸟	*Eurystomus orientalis*	S		一级
243	白胸翡翠	*Halcyon smyrnensis*	S	二级	
244	蓝翡翠	*Halcyon pileata*	S		一级
245	普通翠鸟	*Alcedo atthis*	S/R		
246	冠鱼狗	*Megaceryle lugubris*	R		
247	斑鱼狗	*Ceryle rudis*	S		
248	蚁䴕	*Jynx torquilla*	P		一级
249	灰头绿啄木鸟	*Picus canus*	R		一级
250	黑啄木鸟	*Dryocopus martius*	V	二级	
251	棕腹啄木鸟	*Dendrocopos hyperythrus*	P		一级

序号	中文名	拉丁名	居留类型	保护级别（国家级）	保护级别（北京市）
252	小星头啄木鸟	*Dendrocopos kizuki*	R		
253	星头啄木鸟	*Dendrocopos canicapillus*	R		一级
254	小斑啄木鸟	*Dendrocopos minor*	R		
255	白背啄木鸟	*Dendrocopos leucotos*	R		一级
256	大斑啄木鸟	*Dendrocopos major*	R		一级
257	黄爪隼	*Falco naumanni*	P	二级	
258	红隼	*Falco tinnunculus*	R/S	二级	
259	红脚隼	*Falco amurensis*	P/S	二级	
260	灰背隼	*Falco columbarius*	P/W	二级	
261	燕隼	*Falco subbuteo*	P	二级	
262	游隼	*Falco peregrinus*	P/W	二级	
263	猎隼	*Falco cherrug*	P/W	一级	
264	黑枕黄鹂	*Oriolus chinensis*	S		二级
265	暗灰鹃鵙	*Lalage melaschistos*	S		
266	灰山椒鸟	*Pericrocotus divaricatus*	P		
267	小灰山椒鸟	*Pericrocotus cantonensis*	S		
268	长尾山椒鸟	*Pericrocotus ethologus*	S		二级
269	黑卷尾	*Dicrurus macrocercus*	S		一级
270	灰卷尾	*Dicrurus leucophaeus*	V		一级
271	发冠卷尾	*Dicrurus hottentottus*	S		一级
272	寿带	*Terpsiphone incei*	S		一级
273	虎纹伯劳	*Lanius tigrinus*	P		二级
274	牛头伯劳	*Lanius bucephalus*	W/P		二级
275	红尾伯劳	*Lanius cristatus*	S/P		二级
276	棕背伯劳	*Lanius schach*	R		
277	灰背伯劳	*Lanius tephronotus*	P		

序号	中文名	拉丁名	居留类型	保护级别（国家级）	保护级别（北京市）
278	楔尾伯劳	*Lanius sphenocercus*	W/P		二级
279	灰伯劳	*Lanius excubitor*	W		二级
280	松鸦	*Garrulus glandarius*	R		
281	红嘴蓝鹊	*Urocissa erythroryncha*	R		一级
282	灰喜鹊	*Cyanopica cyanus*	R		一级
283	喜鹊	*Pica pica*	R		
284	星鸦	*Nucifraga caryocatactes*	R		
285	红嘴山鸦	*Pyrrhocorax pyrrhocorax*	R		
286	寒鸦	*Corvus monedula*	V		
287	达乌里寒鸦	*Corvus dauuricus*	W/P		
288	秃鼻乌鸦	*Corvus frugilegus*	W/P		
289	大嘴乌鸦	*Corvus macrorhynchos*	R		
290	小嘴乌鸦	*Corvus corone*	W		
291	白颈鸦	*Corvus pectoralis*	S		
292	方尾鹟	*Culicicapa ceylonensis*	V		
293	煤山雀	*Periparus ater*	R		二级
294	黄腹山雀	*Pardaliparus venustulus*	R/S		一级
295	杂色山雀	*Sittiparus varius*	V		
296	沼泽山雀	*Poecile palustris*	R		二级
297	褐头山雀	*Poecile montanus*	R		二级
298	大山雀	*Parus cinereus*	R		二级
299	中华攀雀	*Remiz consobrinus*	P		
300	蒙古百灵	*Melanocorypha mongolica*	P/W	二级	
301	大短趾百灵	*Calandrella brachydactyla*	P/W		二级
302	短趾百灵	*Alaudala cheleensis*	P/W		二级
303	凤头百灵	*Galerida cristata*	P/W		二级

序号	中文名	拉丁名	居留类型	保护级别（国家级）	保护级别（北京市）
304	云雀	*Alauda arvensis*	P/W	二级	
305	角百灵	*Eremophila alpestris*	P/W		二级
306	文须雀	*Panurus biarmicus*	W		
307	棕扇尾莺	*Cisticola juncidis*	S		
308	东方大苇莺	*Acrocephalus orientalis*	S		二级
309	黑眉苇莺	*Acrocephalus bistrigiceps*	P/S		二级
310	细纹苇莺	*Acrocephalus sorghophilus*	P	二级	
311	远东苇莺	*Acrocephalus tangorum*	P/S		二级
312	钝翅苇莺	*Acrocephalus concinens*	P		二级
313	厚嘴苇莺	*Arundinax aedon*	S		二级
314	中华短翅蝗莺	*Locustella tacsanowskia*	P/S		二级
315	北短翅蝗莺	*Locustella davidi*	P/S		
316	矛斑蝗莺	*Locustella lanceolata*	P		二级
317	小蝗莺	*Locustella certhiola*	P		二级
318	斑背大尾莺	*Locustella pryeri*	P		
319	棕褐短翅蝗莺	*Locustella luteoventris*	V		
320	崖沙燕	*Riparia riparia*	P		二级
321	岩燕	*Ptyonoprogne rupestris*	P/R		二级
322	家燕	*Hirundo rustica*	S/P		二级
323	金腰燕	*Cecropis daurica*	S/P		二级
324	毛脚燕	*Delichon urbicum*	P		二级
325	烟腹毛脚燕	*Delichon dasypus*	S/P		二级
326	黄额燕	*Petrochelidon fluvicola*	V		
327	领雀嘴鹎	*Spizixos semitorques*	R		
328	白头鹎	*Pycnonotus sinensis*	R		二级
329	栗耳短脚鹎	*Hypsipetes amaurotis*	W		

序号	中文名	拉丁名	居留类型	保护级别（国家级）	保护级别（北京市）
330	叽喳柳莺	*Phylloscopus collybita*	V		
331	林柳莺	*Phylloscopus sibilatrix*	V		
332	褐柳莺	*Phylloscopus fuscatus*	P		二级
333	巨嘴柳莺	*Phylloscopus schwarzi*	P		二级
334	棕眉柳莺	*Phylloscopus armandii*	S		二级
335	云南柳莺	*Phylloscopus yunnanensis*	S		二级
336	黄腰柳莺	*Phylloscopus proregulus*	P		二级
337	黄眉柳莺	*Phylloscopus inornatus*	P		二级
338	淡眉柳莺	*Phylloscopus humei*	S		
339	极北柳莺	*Phylloscopus borealis*	P		二级
340	双斑绿柳莺	*Phylloscopus plumbeitarsus*	P		二级
341	暗绿柳莺	*Phylloscopus trochiloides*	S		二级
342	淡脚柳莺	*Phylloscopus tenellipes*	P		
343	乌嘴柳莺	*Phylloscopus magnirostris*	S		
344	冕柳莺	*Phylloscopus coronatus*	S		二级
345	冠纹柳莺	*Phylloscopus claudiae*	S		二级
346	黑眉柳莺	*Phylloscopus ricketti*	V		
347	比氏鹟莺	*Seicercus valentini*	V		二级
348	淡尾鹟莺	*Seicercus soror*	S		
349	栗头鹟莺	*Seicercus castaniceps*	V		
350	棕脸鹟莺	*Abroscopus albogularis*	V		
351	鳞头树莺	*Urosphena squameiceps*	P/S		二级
352	强脚树莺	*Horornis fortipes*	V		
353	远东树莺	*Horornis canturians*	P/S		
354	短翅树莺	*Horornis diphone*	P		
355	银喉长尾山雀	*Aegithalos glaucogularis*	R		二级

序号	中文名	拉丁名	居留类型	保护级别（国家级）	保护级别（北京市）
356	北长尾山雀	*Aegithalos caudatus*	W		
357	白喉林莺	*Sylvia curruca*	V		
358	山鹛	*Rhopophilus pekinensis*	R		二级
359	棕头鸦雀	*Sinosuthora webbiana*	R		二级
360	震旦鸦雀	*Paradoxornis heudei*	R	二级	
361	暗绿绣眼鸟	*Zosterops japonicus*	P/S		
362	红胁绣眼鸟	*Zosterops erythropleurus*	P	二级	
363	山噪鹛	*Garrulax davidi*	R		二级
364	欧亚旋木雀	*Certhia familiaris*	W		
365	黑头䴓	*Sitta villosa*	R		二级
366	普通䴓	*Sitta europaea*	R		二级
367	红翅旋壁雀	*Tichodroma muraria*	R		一级
368	鹪鹩	*Troglodytes troglodytes*	R		
369	褐河乌	*Cinclus pallasii*	R		一级
370	八哥	*Acridotheres cristatellus*	R		二级
371	丝光椋鸟	*Spodiopsar sericeus*	R		二级
372	灰椋鸟	*Spodiopsar cineraceus*	W/R		
373	北椋鸟	*Agropsar sturninus*	P		
374	紫翅椋鸟	*Sturnus vulgaris*	P		
375	白眉地鸫	*Geokichla sibirica*	P		
376	橙头地鸫	*Geokichla citrina*	V		
377	虎斑地鸫	*Zoothera aurea*	P		
378	灰背鸫	*Turdus hortulorum*	P		
379	乌灰鸫	*Turdus cardis*	V		
380	乌鸫	*Turdus mandarinus*	R		
381	灰翅鸫	*Turdus boulboul*	S		

序号	中文名	拉丁名	居留类型	保护级别（国家级）	保护级别（北京市）
382	灰头鸫	*Turdus rubrocanus*	V		
383	白眉鸫	*Turdus obscurus*	P		
384	白腹鸫	*Turdus pallidus*	P		
385	褐头鸫	*Turdus feae*	S	二级	
386	赤颈鸫	*Turdus ruficollis*	W/P		
387	黑喉鸫	*Turdus atrogularis*	P		
388	斑鸫	*Turdus eunomus*	W/P		二级
389	红尾斑鸫	*Turdus naumanni*	W/P		
390	田鸫	*Turdus pilaris*	V		
391	白眉歌鸫	*Turdus iliacus*	V		
392	宝兴歌鸫	*Turdus mupinensis*	S		二级
393	欧亚鸲	*Erithacus rubecula*	V		
394	日本歌鸲	*Larvivora akahige*	V		
395	红尾歌鸲	*Larvivora sibilans*	P		
396	蓝歌鸲	*Larvivora cyane*	S/P		
397	红喉歌鸲	*Calliope calliope*	P	二级	
398	蓝喉歌鸲	*Luscinia svecica*	P	二级	
399	白腹短翅鸲	*Luscinia phoenicuroides*	S		
400	红胁蓝尾鸲	*Tarsiger cyanurus*	P/W		
401	北红尾鸲	*Phoenicurus auroreus*	S/P/W		
402	赭红尾鸲	*Phoenicurus ochruros*	V		
403	红腹红尾鸲	*Phoenicurus erythrogastrus*	W		
404	白喉红尾鸲	*Phoenicuropsis schisticeps*	V		
405	贺兰山红尾鸲	*Phoenicurus alaschanicus*	W	二级	
406	红尾水鸲	*Rhyacornis fuliginosa*	R		

序号	中文名	拉丁名	居留类型	保护级别（国家级）	保护级别（北京市）
407	白顶溪鸲	*Chaimarrornis leucocephalus*	R		
408	紫啸鸫	*Myophonus caeruleus*	S		
409	黑喉石䳭	*Saxicola maurus*	P		
410	灰林䳭	*Saxicola ferreus*	V		
411	白顶䳭	*Oenanthe pleschanka*	V		
412	穗䳭	*Oenanthe oenanthe*	V		
413	漠䳭	*Oenanthe deserti*	V		
414	沙䳭	*Oenanthe isabellina*	V		
415	白背矶鸫	*Monticola saxatilis*	P		
416	白喉矶鸫	*Monticola gularis*	S		
417	蓝矶鸫	*Monticola solitarius*	S		
418	北灰鹟	*Muscicapa dauurica*	P		二级
419	乌鹟	*Muscicapa sibirica*	P		二级
420	褐胸鹟	*Muscicapa muttui*	P		
421	灰纹鹟	*Muscicapa griseisticta*	P		二级
422	白眉姬鹟	*Ficedula zanthopygia*	S		二级
423	黄眉姬鹟	*Ficedula narcissina*	V		一级
424	绿背姬鹟	*Ficedula elisae*	S		
425	鸲姬鹟	*Ficedula mugimaki*	P		二级
426	红喉姬鹟	*Ficedula albicilla*	P		二级
427	红胸姬鹟	*Ficedula parva*	V		
428	锈胸蓝姬鹟	*Ficedula sordida*	S		
429	橙胸姬鹟	*Ficedula strophiata*	V		
430	灰蓝姬鹟	*Ficedula tricolor*	V		
431	白腹暗蓝鹟	*Cyanoptila cumatilis*	S		二级
432	戴菊	*Regulus regulus*	W		二级

序号	中文名	拉丁名	居留类型	保护级别（国家级）	保护级别（北京市）
433	太平鸟	*Bombycilla garrulus*	W/P		二级
434	小太平鸟	*Bombycilla japonica*	W/P		二级
435	棕眉山岩鹨	*Prunella montanella*	W		
436	褐岩鹨	*Prunella fulvescens*	V		
437	领岩鹨	*Prunella collaris*	W/P		
438	山麻雀	*Passer cinnamomeus*	S/P		
439	麻雀	*Passer montanus*	R		
440	石雀	*Petronia petronia*	V		
441	山鹡鸰	*Dendronanthus indicus*	S		
442	黄鹡鸰	*Motacilla tschutschensis*	P		
443	西黄鹡鸰	*Motacilla flava*	V		
444	黄头鹡鸰	*Motacilla citreola*	P		
445	灰鹡鸰	*Motacilla cinerea*	P/S		
446	白鹡鸰	*Motacilla alba*	P/S		
447	田鹨	*Anthus richardi*	P		
448	布氏鹨	*Anthus godlewskii*	P		
449	草地鹨	*Anthus pratensis*	V		
450	北鹨	*Anthus gustavi*	P		
451	树鹨	*Anthus hodgsoni*	P		
452	林鹨	*Anthus trivialis*	V		
453	红喉鹨	*Anthus cervinus*	P		
454	粉红胸鹨	*Anthus roseatus*	S		
455	水鹨	*Anthus spinoletta*	W/P		
456	黄腹鹨	*Anthus rubescens*	W		
457	燕雀	*Fringilla montifringilla*	W/P		二级
458	苍头燕雀	*Fringilla coelebs*	W		

序号	中文名	拉丁名	居留类型	保护级别（国家级）	保护级别（北京市）
459	锡嘴雀	*Coccothraustes*	W		二级
460	黑头蜡嘴雀	*Eophona personata*	P		二级
461	黑尾蜡嘴雀	*Eophona migratoria*	W/P/S		二级
462	红腹灰雀	*Pyrrhula pyrrhula*	V		
463	粉红腹岭雀	*Leucosticte arctoa*	W		
464	蒙古沙雀	*Bucanetes monqolicus*	V		
465	普通朱雀	*Carpodacus erythrinus*	P		
466	北朱雀	*Carpodacus roseus*	W	二级	
467	中华朱雀	*Carpodacus davidianus*	R		
468	长尾雀	*Carpodacus sibiricus*	W		
469	金翅雀	*Chloris sinica*	R		二级
470	白腰朱顶雀	*Acanthis flammea*	W/P		二级
471	极北朱顶雀	*Acanthis hornemanni*	W		二级
472	红交嘴雀	*Loxia curvirostra*	W	二级	
473	白翅交嘴雀	*Loxia leucoptera*	W		
474	黄雀	*Spinus spinus*	P		二级
475	铁爪鹀	*Calcarius lapponicus*	W		
476	雪鹀	*Plectrophenax nivalis*	W		
477	黄鹀	*Emberiza citrinella*	V		
478	白头鹀	*Emberiza leucocephalos*	W		
479	灰眉岩鹀	*Emberiza godlewskii*	R		
480	三道眉草鹀	*Emberiza cioides*	R		二级
481	栗斑腹鹀	*Emberiza jankowskii*	W	一级	
482	白眉鹀	*Emberiza tristrami*	P		
483	栗耳鹀	*Emberiza fucata*	P		

序号	中文名	拉丁名	居留类型	保护级别（国家级）	保护级别（北京市）
484	小鹀	*Emberiza pusilla*	P/W		
485	黄眉鹀	*Emberiza chrysophrys*	P		
486	田鹀	*Emberiza rustica*	W		
487	黄喉鹀	*Emberiza elegans*	P/R		二级
488	黄胸鹀	*Emberiza aureola*	P	一级	
489	栗鹀	*Emberiza rutila*	P		
490	灰头鹀	*Emberiza spodocephala*	P		
491	苇鹀	*Emberiza pallasi*	P/W		
492	红颈苇鹀	*Emberiza yessoensis*	P/W		
493	芦鹀	*Emberiza schoeniclus*	P		
494	黑天鹅	*Cygnus atratus*	O		
495	红耳鹎	*Pycnonotus jocosus*	O		
496	铜蓝鹟	*Eumyias thalassinus*	O		
497	斑文鸟	*Lonchura punctulata*	O		
498	白腰文鸟	*Lonchura striata*	O		
499	黑颏凤鹛	*Yuhina nigrimenta*	O		
500	黑喉噪鹛	*Garrulax chinensis*	O	二级	
501	白喉噪鹛	*Garrulax albogularis*	O		
502	银耳相思鸟	*Leiothrix argentauris*	O	二级	
503	红嘴相思鸟	*Leiothrix lutea*	O	二级	

来源：北京市园林绿化局（首都绿化委员会办公室）2021 年 10 月 27 日发布。

附录二 北京陆生野生动物名录——兽类

序号	中文名	拉丁名	保护级别（国家级）	保护级别（北京市）
1	东北刺猬	*Erinaceus amurensis*		二级
2	北小麝鼩	*Crocidura suaveolens*		二级
3	喜马拉雅水鼩	*Chimarrogale himalayica*		二级
4	川西缺齿鼩	*Chodsigoa hypsibia*		
5	麝鼹	*Scaptochirus moschatus*		二级
6	马铁菊头蝠	*Rhinolophus ferrumequinum*		
7	小菊头蝠	*Rhinotophus pusillus*		
8	普通蝙蝠	*Vespertilio murinus*		
9	东方蝙蝠	*Vespertilio sinesis*		二级
10	狭耳鼠耳蝠	*Myotis blythii*		
11	毛腿鼠耳蝠	*Myotis fimbriatus*		
12	北京鼠耳蝠	*Myotis pequinius*		
13	大卫鼠耳蝠	*Myotis davidii*		
14	大足鼠耳蝠	*Mvotis pilosus*		
15	大棕蝠	*Eptesicus serotinus*		二级
16	褐山蝠	*Nyctalus noctula*		二级
17	东亚伏翼	*Pipistrellus abramus*		二级
18	萨氏伏翼	*Pipistrellus savii*		
19	大耳蝠	*Plecotus auritus*		二级
20	亚洲长翼蝠	*Miniopterus fuliginosus*		二级
21	白腹管鼻蝠	*Murina leucogaster*		
22	北京宽耳蝠	*Barbastella beiungensis*		
23	华北犬吻蝠	*Tadarida latouchei*		
24	猕猴	*Macaca mulatta*	二级	

序号	中文名	拉丁名	保护级别（国家级）	保护级别（北京市）
25	狼	*Canis lupus*	二级	
26	赤狐	*Vulpes vulpes*	二级	
27	豺	*Cuon alpinus*	一级	
28	貉	*Nyctereutes procyonoides*	二级	
29	黄鼬	*Mustela sibirica*		二级
30	艾鼬	*Mustela eversmannii*		二级
31	香鼬	*Mustela altaica*		
32	亚洲狗獾	*Meles leucurus*		二级
33	猪獾	*Arctonyx collaris*		二级
34	花面狸	*Paguma larvala*		一级
35	豹猫	*Prionailurus bengalensis*	二级	
36	豹	*Panthera pardus*	一级	
37	野猪	*Sus scrofa*		二级
38	狍	*Capreolus pyqargus*		二级
39	麋鹿	*Elaphurus davidianus*	一级	
40	中华斑羚	*Naemorhedus griseus*	二级	
41	达乌尔黄鼠	*Spermophilus dauricus*		
42	北松鼠	*Sciurus vulgaris*		
43	岩松鼠	*Sciurotamias davidianus*		
44	花鼠	*Tamias sibiricus*		
45	隐纹花松鼠	*Tamiops swinhoei*		
46	小飞鼠	*Pteromys volans*		一级
47	复齿鼯鼠	*Trogopterus xanthipes*		一级
48	沟牙鼯鼠	*Aeretes melanopterus*		一级
49	黑线仓鼠	*Cricetulus barabensis*		

序号	中文名	拉丁名	保护级别（国家级）	保护级别（北京市）
50	长尾仓鼠	*Cricetulus longicaudatus*		
51	大仓鼠	*Cricetulus triton*		
52	棕色田鼠	*Lasiopodomys mandarinus*		
53	棕背䶄	*Craseomys rufocanus*		
54	麝鼠	*Ondatra zibethicus*		
55	东北鼢鼠	*Myospalax psilurus*		
56	中华鼢鼠	*Eospalax fontanierii*		
57	褐家鼠	*Rattus norveqicus*		
58	北社鼠	*Niyiventer confucianus*		
59	小家鼠	*Mus musculus*		
60	黑线姬鼠	*Anodemus agrarius*		
61	中华姬鼠	*Apodemus draco*		
62	大林姬鼠	*Apodemus peninsulae*		
63	蒙古兔	*Lepus tolai*		二级

来源：北京市园林绿化局（首都绿化委员会办公室）2021 年 10 月 27 日发布。

附录三 北京陆生野生动物名录——两栖爬行类

序号	中文名	拉丁名	保护级别（国家级）	保护级别（北京市）
1	中华蟾蜍	*Bute gargazuns*		
2	花背蟾蜍	*Strauchbufo radde*		二级
3	中国林蛙	*Rans chersmendid*		二级
4	金线侧褶蛙	*Pelophlax fekienensis*		一级
5	黑斑侧褶蛙	*Pefoptotax nigromaculalus*		二级
6	北方狭口蛙	*Kaloufa borealis*		
7	东方铃蟾	*Bombina orientalis*		二级
8	中华鳖	*Pelodiscus sinensis*		
9	无蹼壁虎	*Gekko swinhanis*		
10	黄纹石龙子	*Eumeces capito*		一级
11	宁波滑蜥	*Scmcello modesta*		一级
12	山地麻蜥	*Eramias brenchtep*		
13	丽斑麻蜥	*Eremias argus*		
14	荒漠沙蜥	*Phrmocephalus przewalski*		
15	黄脊游蜥	*Orientocoluber spinalis*		二级
16	赤链蛇	*Lycodon rulozonatus*		二级
17	赤峰锦蛇	*Elaphe anomata*		二级
18	白条锦蛇	*Baphe done*		二级
19	王锦蛇	*Elaphe carinata*		一级
20	团花锦蛇	*Elaghe dawd*	二级	二级
21	玉斑丽蛇	*Eupreprophus mandarirus*		一级
22	黑眉曙蛇	*Orthriophis taeniurus*		二级
23	红纹滞卵蛇	*Qocotochus rulodorsatus*		二级
24	乌梢蛇	*Ptyas dhumnades*		二级

序号	中文名	拉丁名	保护级别（国家级）	保护级别（北京市）
25	虎斑颈槽蛇	*Rhabdophis ligrinus*		二级
26	黑头剑蛇	*Sibmophis chinensis*		
27	刘氏链蛇	*Lycodoo buchengchaor*		
28	黑背链蛇	*Lycodon ruhstrati*		
29	短尾蝮	*Gloyius brayicaudus*		二级
30	西伯利亚蝮	*Gloydius hals*		

来源：北京市园林绿化局（首都绿化委员会办公室）2021 年 10 月 27 日发布。

附录四

⊙ 北京市重点保护野生植物名录

中文名	拉丁名	备注
石松类和蕨类植物 Lycophytes and Ferns		
瓶尔小草科	**Ophioglossaceae**	广义瓶尔小草科包括阴地蕨科
小阴地蕨	*Botrychium lunaria*	其他常用中文名：扇羽阴地蕨
球子蕨科	**Onocleaceae**	
北美球子蕨	*Onoclea sensibilis*	其他常用中文名：球子蕨
凤尾蕨科	**Pteridaceae**	广义凤尾蕨科包括中国蕨科
小叶中国蕨	*Aleuritopteris albofusca*	其他常用拉丁名：*Sinopteris albofusca*
裸子植物 Gymnosperms		
麻黄科	**Ephedraceae**	
木贼麻黄	*Ephedra equisetina*	
草麻黄	*Ephedra sinica*	
单子麻黄	*Ephedra monosperma*	
松科	**Pinaceae**	
华北落叶松	*Larix gmelinii* var. *principis- rupprechtii*	天然分布种
白杆	*Picea meyeri*	天然分布种
青杆	*Picea wilsonii*	天然分布种
柏科	**Cupressaceae**	
杜松	*Juniperus rigida*	
被子植物 Angiosperms		
天南星科	**Araceae**	
独角莲	*Sauromatum giganteum*	其他常用拉丁名：*Typhonium giganteum*
秋水仙科	**Colchicaceae**	

中文名	拉丁名	备注
少花万寿竹	*Disporum uniflorum*	其他常用中文名：宝铎草；其他常用拉丁名：*Disporum sessile*；原名录中属百合科（科的系统学位置发生变动）
宝珠草	*Disporum viridescens*	原名录中属百合科（科的系统学位置发生变动）
百合科	**Liliaceae**	
七筋姑	*Clintonia udensis*	
有斑百合	*Lilium concolor* var. *pulchellum*	
山丹	*Lilium pumilum*	
禾本科	**Poaceae**	
菰	*Zizania latifolia*	
兰科	**Orchidaceae**	
除国家级重点保护野生植物外的其他所有野生兰科植物		除列入《国家重点保护野生植物名录》（2021）的其他所有野生兰科植物，按照 1 大类保护
罂粟科	**Papaveraceae**	
房山紫堇	*Corydalis fangshanensis*	
小檗科	**Berberidaceae**	
红毛七	*Caulophyllum robustum*	其他常用中文名：类叶牡丹
芍药科	**Paeoniaceae**	
草芍药	*Paeonia obovata*	
毛茛科	**Ranunculaceae**	
辽吉侧金盏花	*Adonis ramosa*	
多被银莲花	*Anemone raddeana*	
金莲花	*Trollius chinensis*	
景天科	**Crassulaceae**	
小丛红景天	*Rhodiola dumulosa*	

中文名	拉丁名	备注
狭叶红景天	*Rhodiola kirilowii*	
豆科	**Fabaceae**	
膜荚黄耆（膜荚黄芪）	*Astragalus membranaceus*	含变种蒙古黄耆（蒙古黄芪）*Astragalus membranaceus* var. *mongholicus*
蔷薇科	**Rosaceae**	
齿叶白鹃梅	*Erochorda serratifolia*	
水榆花楸	*Sorbus alnifolia*	
北京花楸	*Sorbus discolor*	
鼠李科	**Rhamnaceae**	
北枳椇	*Hovenia dulcis*	其他常用中文名：拐枣
榆科	**Ulmaceae**	
脱皮榆	*Ulmuslsa mellosa*	
大麻科	**Cannabaceae**	
青檀	*Pteroceltis tatarinowii*	原名录中属榆科（科的系统学位置发生变动）
桑科	**Moraceae**	
柘（柘树）	*Maclura tricuspidata*	其他常用拉丁名：*Cudrania tricuspidata*
桦木科	**Betulaceae**	
千金榆	*Carpinus cordata*	
铁木	*Ostrya japonica*	
杨柳科	**Salicaceae**	
梧桐杨	*Populus pseudomaximowiczii*	
省沽油科	**Staphyleaceae**	
省沽油	*Staphylea bumalda*	
漆树科	**Anacardiaceae**	
黄连木	*Pistacia chinensis*	

中文名	拉丁名	备注
漆（漆树）	*Toricodendron vernicifluum*	
无患子科	**Sapindaceae**	
葛萝槭	*Acer davidii* subsp. *grosseri*	
芸香科	**Rutaceae**	
青花椒	*Zanthoxylum schinifolium*	其他常用中文名：崖椒
白鲜	*Dictamnus dasycarpus*	
柽柳科	**Tamaricaceae**	
宽苞水柏枝	*Myricaria bracteala*	
山茱萸科	**Cornaceae**	
八角枫	*Alangium chinense*	
报春花科	**Primulaceae**	
箭报春	*Primula fistulosa*	
粉报春	*Primula farinosa*	
岩生报春	*Primula saxatilis*	
猕猴桃科	**Actinidiaceae**	
葛枣猕猴桃	*Actinidia polygama*	
杜鹃花科	**Ericaceae**	
鹿蹄草	*Pyrola calliantha*	原名录中属鹿蹄草科（科的系统学位置发生变动）
红花鹿蹄草	*Pyrola asarifolia* subsp. *incarnata*	其他常用拉丁名：*Pyrola incarnata*；原名录中属鹿蹄草科（科的系统学位置发生变动）
松下兰	*Hypopitys monotropa*	其他常用拉丁名：*Monotropa hypopitys*；原名录中属鹿蹄草科（科的系统学位置发生变动）
迎红杜鹃	*Rhododendron mucronulatum*	其他常用中文名：蓝荆子
龙胆科	**Gentianaceae**	

中文名	拉丁名	备注
秦艽	*Gentiana macrophylla*	
夹竹桃科	**Apocynaceae**	
紫花杯冠藤	*Cynanchum pur pureum*	
紫草科	**Boraginaceae**	
长筒滨紫草	*Mertensia davurica*	
木犀科 （木樨科）	**Oleaceae**	
流苏树	*Chionanthus retusus*	
苦苣苔科	**Gesneriaceae**	
珊瑚苣苔	*Corallodiscus lanuginosus*	其他常用拉丁名：*Corallodiscus cordatulus*
玄参科	**Scrophulariaceae**	
北玄参	*Scrophularia buergeriana*	
玄参	*Scrophularia ningpoensis*	
桔梗科	**Campanulaceae**	
羊乳	*Codono psis lanceolata*	
睡菜科	**Menyanthaceae**	
睡菜	*Menyanthes trifoliata*	
菊科	**Asteraceae**	
大头风毛菊	*Saussurea baicalensis*	
款冬	*Tussilago farfara*	
五加科	**Araliaceae**	
楤木	*Aralia elata*	
刺五加	*Eleutherococcus senticosus*	其他常用拉丁名：*Acanthopanax senticosus*
无梗五加	*Eleutherococcus sessiliflorus*	其他常用拉丁名：*Acanthopanax sessiliflorus*
刺楸	*Kalopanax septemlobus*	

来源：北京市园林绿化局（首都绿化委员会办公室）2023 年 6 月 9 日发布。